Optimierte Produktgewinnung und Regeneration bei der reaktionsintegrierten Adsorption

Von der Fakultät für Maschinenbau

der Technischen Universität Carolo-Wilhelmina zu Braunschweig

zur Erlangung der Würde

eines Doktor-Ingenieurs (Dr.-Ing.)

genehmigte Dissertation

von:	Dipl.-Biotechnol. Manuel Holtkamp (geb. Herrmann)
aus:	Hildesheim

eingereicht am:	22.10.2010
mündliche Prüfung am:	18.03.2011
Referenten:	Prof. Dr.-Ing. S. Scholl
	Prof. Dr. H-J. Jördening
Vorsitzender:	Prof. Dr.-Ing. J. Köhler

2011

Vorwort

Die vorliegende Arbeit ist während meiner Tätigkeit als wissenschaftlicher Mitarbeiter am Institut für Chemische und Thermische Verfahrenstechnik der Technischen Universität Braunschweig entstanden.

Mein besonderer Dank gilt Herrn Prof. Dr.-Ing. Stephan Scholl für die Bereitstellung des Themas. Durch seine stete Unterstützung und sein entgegengebrachtes Vertrauen motivierte er mich und stärkte mir den Rücken. Er ließ mir Freiheiten zur Entfaltung meiner Ideen und förderte meine Weiterbildung.

Herrn Prof. Dr. Hans-Joachim Jördening danke ich herzlich für das Interesse an meiner Arbeit, die gute Zusammenarbeit und die Übernahme des Koreferats. Bei Herrn Prof. Dr.-Ing. Jürgen Köhler bedanke ich mich für die Übernahme des Prüfungsvorsitzes.

Meinen Kollegen und Mitarbeitern am Institut und im Biozentrum danke ich für das angenehme Arbeitsklima, viele Gespräche und Ratschläge sowie für die tatkräftige Unterstützung. Gleiches gilt für alle Studenten, die im Rahmen von Studien- und Diplomarbeiten maßgeblich zum Gelingen dieser Arbeit beigetragen haben.

Der Firma Süd-Chemie AG danke ich für die Bereitstellung von Zeolithproben, der Firma bitop AG für die Möglichkeit, das Adsorbens an Ihrem Produktsystem Glycoin zu untersuchen. Herrn Jens Freiding vom Institut für Chemische Verfahrenstechnik der Universität Karlsruhe (TH) danke ich für die Herstellung der Extrudate. Der Deutschen Forschungsgemeinschaft (DFG) und der Max-Buchner-Stiftung der DECHEMA danke ich für die finanzielle Unterstützung.

Zum Abschluss danke ich meiner Familie für ihre Geduld und ihren Zuspruch. Im Besonderen danke ich meiner Mutter Anita und meiner Schwester Fahtima. Mein größter Dank gilt meiner Frau Andrea. Ihr danke ich aus vollem Herzen für ihre Liebe und unsere zwei wundervollen Kinder Erik und Ida.

Haltern am See, Oktober 2011

M. Holtkamp

Manuel Holtkamp

Inhaltsverzeichnis

Kurzfassung

In dieser Arbeit wurde eine reaktionsintegrierte Adsorption zur Herstellung von neuartigen und seltenen Sacchariden untersucht. Der Schwerpunkt dieser Arbeit lag dabei auf der Untersuchung der Aufarbeitung (Downstream Processing). Als Modellzucker wurde das seltene und schwer aufzureinigende Disaccharid Isomaltose verwendet, als Adsorbens kamen hochdealuminierte BEA-Zeolithe zum Einsatz. Das Ziel war die Entwicklung eines Verfahrens, das die Aufreinigung des Zielprodukts ermöglicht.

Die Ergebnisse dieser Untersuchungen zeigen, dass die Auswahl eines geeigneten Adsorbens sehr aufwändig ist. Mit einem Screening bei niedrigen Konzentrationen kann bestenfalls eine Vorauswahl getroffen werden. Zur konsequenten Prozessgestaltung und -optimierung eines derartigen Produktionssystems sollten umfassende Untersuchungen durchgeführt werden. In dieser Arbeit wurden Gleichgewichtseigenschaften und kinetische Charakteristika verschiedener Zeolithmodule beschrieben.

Für eine effektive Prozessgestaltung sind neben den Adsorbenseigenschaften auch die Produktionsbedingungen entscheidend. Durch die Optimierung des eingesetzten Biokatalysators konnte einerseits die Effizienz der Produktion erhöht werden, andererseits wurde aber durch die vermehrte Bildung von Nebenprodukten die Selektivität der Aufreinigung verringert. Für eine reaktionsintegrierte Adsorption müssen die Produktions- und Aufarbeitungsbedingungen sehr genau aufeinander abgestimmt werden.

Der Einsatz von feindispersen Zeolithen während der enzymatischen Umsetzung ermöglicht zwar eine schnelle und ortsnahe Adsorption des Zielprodukts, die Weiterverarbeitung dieser Zeolithslurry ist jedoch sehr aufwändig. Um die Probleme der nötigen Fest-Flüssig-Trennung zu umgehen, wurde in dieser Arbeit die Verfahrensalternative einer externen Festbett-Adsorption untersucht. Hierzu kamen vergrößerte Zeolithformkörper (Extrudate) zum Einsatz. Die Adsorbenseigenschaften dieser Extrudate ermöglichen ebenfalls eine gezielte Aufreinigung der Isomaltose und erleichtern die Handhabung deutlich. Der Vergleich der Kinetiken von Pulverzeolithen und Extrudaten zeigte, dass die Extrudate deutlich schneller desorbiert werden können. Für Pulverzeolithe sind zur Desorption sehr drastische Bedingungen erforderlich. Abschließend wurde in ersten Versuchen die mehrfache Verwendbarkeit der Adsorbentien demonstriert und eine Übertragbarkeit auf andere Saccharide dargestellt. Im Ergebnis konnte die Aufreinigung von Isomaltose bis zu einem Zuckeranteil von über 90% erzielt werden.

Abstract

This thesis analyses a reaction-integrated adsorption for the production of novel and rare saccharides. The main focus of this project is the design of the downstream processing. The rare and expensive disaccharide isomaltose is used as a model system for a product which is difficult to purify. As adsorbent highly dealuminated BEA-zeolites are applied. The aim was the process development that allows the purification of the target product.

The results of these analyses show that the choice of an adequate adsorbent is very complex and time consuming. A screening at low concentrations can only lead to a pre-selection at the best. For a consistent process design and optimisation of such a production system, capacious analyses should be performed. In this thesis, equilibrium characteristics and kinetics of different zeolite modules are described.

For an effective process design, adsorbent characteristics are important as well as production terms. For the optimisation of the used biocatalyst the efficiency of the production could be enhanced. In contrast the selectivity of the purification was depleted due to the increased accumulation of side products. For a reaction-integrated adsorption, production characteristics and downstream characteristics have to be adjusted carefully.

The use of fine disperse zeolite during enzymatic catalysis allows a fast and nearby adsorption of the target product. Downstream processing of this zeolite slurry is, however, very complex. To circumvent the problems of the needed solid/liquid separation, the process alternative of an external fixed-bed adsorption was analysed. For this, enhanced zeolite bodies (extrudates) came into operation. Furthermore, the adsorbent characteristics of these extrudates allowed a targeted purification of isomaltose and are thus facilitating the operation. Comparison between the powder zeolite kinetics and the extrudates showed a considerably faster desorption of the extrudates.

Terminatory the multiple use of the adsorbent was demonstrated in first trails and transferability to other saccharides was described. As result, the purification of isomaltose up to a sugar content of over 90% was achieved.

Symbol- und Abkürzungsverzeichnis

Lateinische Buchstaben

Zeichen	Einheit	Bedeutung
A	$[m^2]$	äußere Oberfläche
A_F	$[m^2]$	Filterfläche
a	$[L \cdot g^{-1}]$	Freundlich-Konstante
b		Freundlich-Exponent
b_i	$[L \cdot g^{-1}]$	Langmuir-Parameter
c_e	$[g \cdot L^{-1}]$	Gleichgewichtskonzentration
c_i	$[g \cdot L^{-1}]$	Startkonzentration
c_{iso}	$[g \cdot L^{-1}]$	Isomaltosekonzentration
c_{sac}	$[g \cdot L^{-1}]$	Saccharosekonzentration
D	$[m^2 \cdot s^{-1}]$	Diffusionskoeffizient
d_c	[nm]	kritischer Moleküldurchmesser
d_P	[m]	Partikeldurchmesser
d_{Por}	[nm]	Porendurchmesser
E	$[kJ \cdot mol^{-1}]$	Aktivierungsenergie
F	$[g \cdot s^{-1}]$	Teilchenfluss
g	$[m \cdot s^{-2}]$	Erdbeschleunigung
h_{Ad}	$[kJ \cdot mol^{-1}]$	Adsorptionsenthalpie
h_L	[m]	Höhe des Haufwerks
k_0	$[h^{-1}]$	Frequenzfaktor
k_1	$[h^{-1}]$	Adsorptionsgeschwindigkeitskonstante
k_{-1}	$[h^{-1}]$	Desorptionsgeschwindigkeitskonstante
K_i bzw. K_i^{Ex}	$[mL \cdot g^{-1}]$	Henry-Konstante, bzw. Konstante der Exzessbel.
$K_{i,L}$	$[mL \cdot g^{-1}]$	Adsorptionsgleichgewichtskonstante
$L_{1,2}$		Beladungsverhältnis Komponente 1 zu 2
l	[m]	Länge
M		aufgenommene oder abgegebene Anteil an Adsorptiv
M_t	$[g \cdot s^{-1}]$	Massenstrom
m_{Ad}	[g]	Masse Adsorbens
m_0	[g]	Masse Wasser
p	[Pa]	Druck
q	$[mg \cdot g^{-1}]$	Beladung des Adsorbens
q_{H2O}	$[mg \cdot g^{-1}]$	Adsorbensbeladung mit Wasser
q_i	$[mg \cdot g^{-1}]$	Adsorbensbeladung der Komponente i
$q_{i,0}$	$[mg \cdot g^{-1}]$	Startbeladung der Komponente i
$q_{i,max}$	$[mg \cdot g^{-1}]$	Sättigungsbeladung der Komponente i
q_i^{Ex}	$[mg \cdot g^{-1}]$	Exzessbeladung der Komponente i
q_s	$[mg \cdot g^{-1}]$	Gesamtsättigungsbeldung
R	$[J \cdot K^{-1} \cdot mol^{-1}]$	Allgemeine Gaskonstante $R = 8{,}3114\ J \cdot K^{-1} \cdot mol^{-1}$

Lateinische Buchstaben (Fortsetzung)

Zeichen	Einheit	Bedeutung
R_c	[m^{-2}]	längenspezifischer Durchströmungswiderstand
r	[m]	Radius
r_0	[m]	Radius von Flüssigkeitshöhe zum Trommelmittelpunkt
r_{Por}	[nm]	Porenradius
r_T	[m]	Radius Zentrifugentrommel
T	[K]	Absolute Temperatur
V	[m^3]	Volumen
V_{H2O}	[mL]	Volumen Wasser
V_L	[mL]	Volumen der Messlösung

Griechische Buchstaben

Zeichen	Einheit	Bedeutung
$\alpha_{1,2}$		Selektivität Komponente 1 zu 2 in Gemischisothermen
Δ		Differenz
η_L	[$Pa\cdot s$]	Fluidviskosität
ϑ	[°C]	Temperatur
μ	[$J\cdot mol^2$]	spezifisches chemisches Potential
Θ		Sättigung
ρ_L	[$kg\cdot m^{-3}$]	Fluiddichte
σ	[$N\cdot m^{-1}$]	Oberflächenspannung
υ	[°]	Kontaktwinkel für Quecksilber
ω	[s^{-1}]	Winkelgeschwindigkeit

Abkürzungen

Zeichen	Bedeutung
Ads	Adsorption
BEA	Dreibuchstabecode für Zeolithe vom Typ beta
BET	Oberflächenbestimmung nach Brunauer, Emmet, Teller
CAS	Chemical Abstracts Service
Des	Desorption
DNA	Deoxyribo Nucleic Acid

Abkürzungen (Fortsetzung)

Zeichen	Bedeutung
DSRS	Dextransucrase aus *L. mesenteroides*
GTFR	Glucosyltransferase S628D aus *S. oralis*
Glu	Glukose
EtOH	Ethanol
FAU	Dreibuchstabecode für Zeolithe vom Typ Faujasit
FFT	Fest-Flüssig-Trennung
FCC	Fluid Catalytic Cracking
Fru	Fruktose
H_2O	Wasser
HFCS	High Fructose Corn Sirup
HPLC	High Pressure Liquid Chromatography
IFM	Interferenz-Mikroskopie
IM	Isomaltose
IMO	Isomaltooligosaccharide
IRM	Infrarot-Mikroskopie
IUPAC	International Union of Pure and Applied Chemistry
IZA	International Zeolite Association
LTA	Dreibuchstabencode für Zeolithe vom Typ Linde Typ A
MBRA	Mehrphasenbioreaktionsadsorber
MFI	Dreibuchstabencode für Zeolithe vom Typ MFI
MOF	Metall Organic Frameworks
Sac	Saccharose
SBU	Secondary Building Units
SMB	Simulated Moving Bed
Wasch	Waschschritte
ZSM-5	Synonym für Zeolithe vom Typ MFI

1 Einleitung und Problemstellung

Die Nutzung von Mikroorganismen oder Enzymen ist in den letzten Jahren durch erhebliche Fortschritte in der Biotechnologie, Bioprozesstechnik und Bioverfahrenstechnik gestiegen. Das Potential ist aber noch deutlich größer [42]. Diese Technologien gelten als Schlüssel für weitere Innovationen [70]. Die Aufarbeitung biotechnologischer Produkte hat dabei eine besondere Bedeutung. Das so genannte Downstream Processing (DSP), also die Aufarbeitung des Zielprodukts, verursacht häufig den größten Teil der Gesamtproduktkosten [37]. Dies ist zum einen durch die Prozessbedingungen biotechnologischer Produkte bedingt. Häufig liegt das Produkt in geringen Konzentrationen und als Gemisch mit einer Vielzahl von weiteren Komponenten, mit teilweise sehr ähnlichen Eigenschaften vor. Zum anderen konnten in den letzten Jahren auf diesem Gebiet weit weniger Fortschritte erzielt werden als beim Upstream Processing, der Kultivierung oder der enzymatischen Umsetzung. Dies führte dazu, dass die Aufarbeitung anteilmäßig immer kostenintensiver wurde [126].

In der hier vorgestellten Arbeit wird ein Prozesssystem zur enzymatischen Produktion von Kohlenhydraten untersucht. Seltene Kohlenhydrate oder neuartige Saccharide haben vielfältige Eigenschaften und sind im Life Science Bereich von großem Interesse. Im vorliegenden Modellsystem wird das schwer zu reinigende Disaccharid Isomaltose, aus Saccharose (Haushaltszucker) und Glukose (Traubenzucker) produziert. Um Folgereaktionen zu verhindern und eine Produktabtrennung während der Reaktion zu ermöglichen wird ein hochdealuminierter BEA-Zeolith als Adsorbens verwendet. Im Reaktorsystem befinden sich somit zwei feste Phasen, der Biokatalysator und das Adsorbens, sowie als flüssige Phase das Reaktionsmedium. Apparativ wird dieser Prozess in einem Wirbelbettreaktor (Slurryanwendung), dem Mehrphasenbioreaktionsadsorber (MBRA), realisiert. Dieses Konzept wurde bereits etabliert und in mehreren Arbeiten untersucht [14, 49, 50].

Isomaltose kommt in der Natur z.B. in Honig vor. Es kann durch Spaltung von Polymeren wie Dextran oder Amylopectin entstehen. In beiden Fällen liegt Isomaltose dann in einem Gemisch mit anderen Sacchariden vor. Da die Konzentration von Isomaltose dabei teilweise sehr gering ist, lohnt eine Aufarbeitung aus diesen Quellen nicht. Die in diesem Projekt angestrebte gezielte enzymatische Synthese von Isomaltose soll zu einer Produktlösung führen, aus der Isomaltose leicht aufgereinigt werden kann. Dies wird durch verschiedene Prozessbedingungen angestrebt. Zum einen sollen nur die Edukte Saccharose und Glukose eingesetzt werden. Dadurch reduziert sich die Vielfalt der entstehenden Verbindungen. Zum anderen wird durch die Adsorption während der Produktion mit der Aufarbeitung der Isomaltose begonnen. So kann das entstehende Produkt Isomaltose kontinuierlich aus dem Synthesereaktor ausgeschleust werden und steht für Folgereaktionen nicht mehr zur Verfügung.

Die Problemstellung dieser Arbeit liegt im Design und der Optimierung der Aufarbeitung. Abbildung 1.1 zeigt das Prozessschema der Verfahrensstufen, die für diese Aufarbeitung von Interesse sind und genau charakterisiert werden müssen. Die grau unterlegten Prozessschritte sind die Schwerpunkte dieser Arbeit. Das Adsorbens wurde bereits in vorangegangenen Arbeiten [14, 49] ausgewählt und charakterisiert. Eine Betrachtung der Kinetik und der Adsorptionsenthalpie erfolgte jedoch nicht und wird deshalb in dieser Arbeit untersucht.

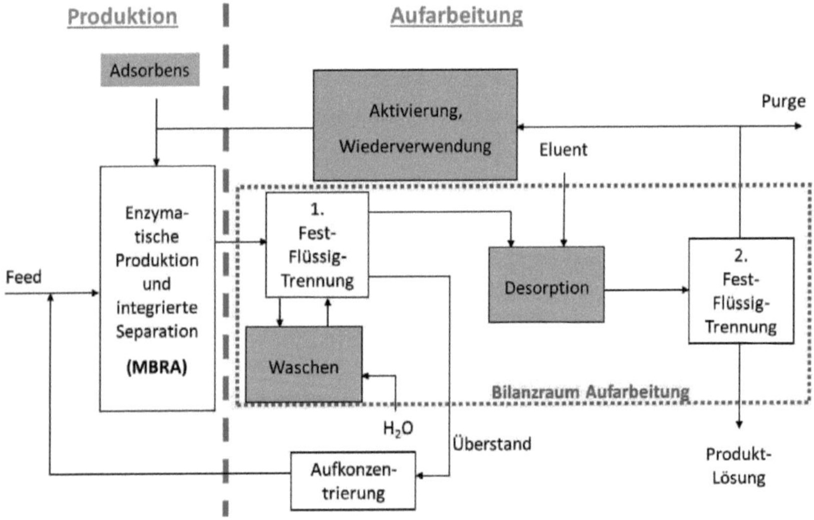

Abbildung 1.1: Prozessschema der Produktion und Aufarbeitung

In dieser Arbeit wird als Ausbeute nur die Effizienz der Aufarbeitung betrachtet. Dazu wird der in Abbildung 1.1 markierte Bilanzraum Aufarbeitung verwendet. Um die Gesamtausbeute des Prozesses zu untersuchen, müsste die Produktion ebenfalls mit bilanziert werden und die Ausbeute auf die eingesetzte Substratmenge bezogen werden. Hierauf wird jedoch verzichtet. Die Effizienz der enzymatischen Systeme wurde von Erhardt [50] untersucht.

Die Aufarbeitung beginnt mit der Ausschleusung der beladenen Zeolithe aus dem MBRA. In einer ersten Fest-Flüssig-Trennung (FFT) werden die Zeolithe aus der Reaktionslösung abgetrennt. Je mehr Reaktionslösung abgetrennt werden kann, desto mehr kann davon für eine erneute Reaktion verwendet werden und desto weniger Waschaufwand ist nötig. Je nach verwendetem Enzymsystem liegt die Glukosekonzentration in der Reaktionslösung bei bis zu 500 $g \cdot L^{-1}$. Bei so hohen Saccharidkonzentrationen ist die Abtrennung eines feindispersen Adsorbens eine Herausforderung für die Auslegung einer geeigneten Fest-Flüssig-Trennung. Die Restfeuchte im Filterkuchen der Zeolithe enthält noch unreagierte Edukte und Nebenprodukte, die vor der Desorption entfernt werden müssen. Als Konsequenz muss nach der ersten FFT eine geeignete Waschprozedur durchgeführt werden, um die im Zwickel verbliebene Flüssigkeit durch unbeladenes Wasser zu ersetzen. Dabei sollten die Bedingungen so gewählt werden, dass es nicht zu einer vorzeitigen unerwünschten Desorption der adsorbierten Isomaltose kommt. Zur Verbesserung der Wirtschaftlichkeit werden abgetrennte Reaktionslösung und Waschlösungen in geeigneten Verfahren (z.B. Vakuumdestillation, Fallfilmverdampfer) behandelt und aufkonzentriert, so dass sie dem Feed zugeführt werden können.

Zum Abschluss der Waschprozedur wird der beladene Zeolith zunächst der ersten FFT und dann einer Desorptionsstufe zugeführt. Hier müssen geeignete Parameter für eine möglichst effektive, aber auch schonende Desorption gefunden werden. Diese Untersuchung der Desorption ist das primäre Ziel dieser Arbeit. Für die Auslegung der Desorption werden kinetische Aspekte untersucht. Verschiedene Desorptionsverfahren werden analysiert und gegenübergestellt. Eine vollständige Desorption minimiert Ausbeuteverluste und erleichtert die spätere Wiederverwendung des Adsorbens.
Um den entladenen Zeolithen dann von der Produktlösung abzutrennen ist eine zweite FFT erforderlich. Eine möglichst komplette Entfernung der Produktlösung reduziert auch hier Ausbeuteverluste und vereinfacht die weitere Nachbehandlung für eine Wiederverwendung der entladenen Zeolithe. Gleichzeitig soll die erhaltene Produktlösung frei von Zeolithpartikeln sein, um die finale Formulierung durch z.B. Gefriertrocknung nicht zu beeinflussen. In der Aktivierung und Wiederverwendung der Zeolithe müssen geeignete Verfahren untersucht werden, die eine häufige Wiederverwendung der Zeolithe ermöglicht.

Als Verfahrensalternative zur Slurryanwendung im MBRA werden in dieser Arbeit Untersuchungen an vergrößerten Zeolithformkörpern (Extrudaten) durchgeführt. Auch hier ist eine genaue Charakterisierung der adsorptiven Eigenschaften wie der Selektivität, der Kapazität und der Kinetik erforderlich.

2 Stand des Wissens

2.1 Kohlenhydrate

Kohlenhydrate, Saccharide oder einfach nur Zucker genannt, sind die mengenmäßig am häufigsten vorkommenden organischen Moleküle auf der Welt [13]. Sie gehören zu der Klasse der Polyhydroxyaldehyde oder –ketone und können im Allgemeinen durch die Summenformel $(CH_2O)_n$ beschrieben werden [136].
Für biologische Systeme haben Kohlenhydrate bedeutende Funktionen [128, 152]. So besteht das Rückgrat der DNA aus 2-Desoxyribose [3]. Proteine erhalten häufig erst nach ihrer Synthese spezielle Saccharidbausteine, die den als Glycoproteinen bezeichneten Molekülen ihre Struktur geben und ihre Funktion ermöglichen [160]. Auch Fette können mit Sacchariden gekoppelt sein. Diese Glycolipide können synthetisch hergestellt werden und zeigen in modifizierter Form eine erhöhte immunstimulierende Wirkung [99]. Des Weiteren erkennen sich Zellen über bestimmte Zuckerstrukturen an deren Oberfläche. Kohlenhydrate spielen deshalb eine wichtige Rolle bei der Zellkommunikation [141]. All diese Eigenschaften rücken Kohlenhydrate ins Interesse der Forschung, um neue Impfstoffe [1] und Medikamente [140], aber auch Nahrungsmittelzusätze [102] oder Kosmetika [79] zu entwickeln.
Auch für die chemische Industrie sind Kohlenhydrate, die aus Speicherstoffen wie Stärke, Glykogen oder Cellulose stammen, interessant. Grund ist der steigende Ölpreis und die damit verbundene Substituierung fossiler Ölquellen durch regenerative [43, 70, 112].

Kohlenhydrate bieten durch eine Vielzahl von Kombinationsmöglichkeiten ein nahezu unerschöpfliches Potential. So sind vor allem neuartige Saccharide, die in der Natur nicht oder nur sehr selten vorkommen, interessant, um neue Anwendungsmöglichkeiten zu erschließen. Dabei sind die Herstellungsmethoden für synthetische Kohlenhydrate sehr teuer und zeitaufwändig [53]. Auch wenn es inzwischen möglich ist, diese Moleküle durch chemische Synthesen herzustellen [123], sind diese Methoden noch nicht für große Maßstäbe geeignet. Einen Überblick über die enzymatische Synthese von Oligosacchariden bieten Buchholz und Seibel [24]. Zur gezielten Herstellung dieser Oligomeren (ein bis zehn Monomerbausteine) sind Mono- und Disaccharide als sogenannte „Building Blocks“ von erhöhtem Interesse. Diese müssen sowohl in größeren Mengen, als auch in hoher Reinheit zur Verfügung gestellt werden können [140].
An diesem Punkt setzt diese Arbeit an. Mit dem Disaccharid Isomaltose soll ein Modellsystem untersucht werden, um einen Beispielprozess für eine günstige enzymatische Synthese eines Building Blocks zu etablieren. Der Aufarbeitung kommt dabei eine besondere

Bedeutung zu, denn verschiedene Kohlenhydrate lassen sich häufig aufgrund ihrer sehr ähnlichen Eigenschaften nur schwer voneinander trennen.

2.2 Isomaltose, Dextran und Enzyme

Isomaltose kommt relativ häufig in der Natur vor, z.B. in Honig, jedoch immer im Gemisch mit anderen Sacchariden [118]. Eine Verknüpfung der Isomaltose mit weiteren Glukose- oder Isomaltosemolekülen führt zu den sogenannten Isomaltoseoligomeren (IMOs). Dabei handelt es sich um Mehrfachzucker, die aus den Glukose-Grundbausteinen bestehen und alle α-1-6-glycosidisch verknüpft sind. Einen Überblick über die Nutzung von Oligosacchariden geben Buchholz und Seibel [61]. Diesen IMOs werden präbiotische Eigenschaften zugeschrieben [96, 101, 110]. Präbiotika sind Substanzen, die vom Menschen nicht verdaut werden können, aber nützliche Mikroorganismen im Darm unterstützen. Untersuchungen an Masthähnchen zeigten einen positiven Einfluss auf die Darmflora der Tiere, wenn IMOs dem Futter zugemischt werden [148, 163]. In Japan werden IMOs aus Stärke schon seit längerem als Süßungsmittel verwendet. Studienergebnisse aus Humanstudien (Interventionsstudien) sind selten, da die Kosten für aufgereinigte IMOs sehr hoch sind. Eine Untersuchung an Senioren, die an träger Darmtätigkeit litten, zeigte, dass durch Zugabe von IMOs während einer Diät eine Besserung erreicht werden kann [33].

Isomaltose in Reinform könnte, sobald sie günstig produziert werden kann, eine gezielte Herstellung der gewünschten IMOs erleichtern [71] und so eine genauere Untersuchung in klinischen Studien ermöglichen. Gegenwärtig liegen die Preise für Isomaltose zwischen 154 $€\cdot g^{-1}$ (Cosmo Bio Co., LTD, Japan, 2010) und 620 $€\cdot g^{-1}$ (Sigma-Aldrich, 2010).

Isomaltose wurde in jüngster Zeit mit Isomalt in Verbindung gebracht oder mit Isomaltulose verwechselt. Isomalt (ein Zuckeraustauschstoff) ist ein Zuckeralkohol aus 1-O-α-D-Glucopyranosyl-D-mannit und 6-O-α-D-Glucopyranosyl-D-sorbit. Isomaltulose (Palatinose®) ist eine Verknüpfung von Glukose und Fruktose (6-O-α-D-Glucopyranosyl-D-fructose), die nicht kariogen wirkt und von der Europäischen Union im Jahr 2005 als neuartiges Lebensmittel oder – zusatz zugelassen wurde [78].

Isomaltose ist laut Herstellerangaben leicht reizend (Sigma-Aldrich), geht bei hohen Konzentrationen in einen amorphen Zustand über [121] und besitzt eine geringere Süßkraft als Isomaltulose [134]. Isomaltose werden nichtkariogene und antimikrobielle Eigenschaften zugeschrieben [85]. In der Medizin kommt der Begriff Isomaltose in einer seltenen Form einer Kohlenhydratmalabsorption vor [113, 127]. Dabei handelt es sich um eine Stoffwechselstörung durch einen Mangel des Enzyms Saccharase.

Das Disaccharid Isomaltose ($C_{12}H_{22}O_{11}$), (CAS Nummer: 499-40-1), Chemical Structure (CID 439 193) besteht aus zwei Glukoseeinheiten, welche α-1-6-glycosidisch miteinander verbunden sind [40, 62].

Neben der korrekten IUPAC Bezeichnung beschreibt O^6-α-D-Glucopyranosyl-D-glucose die Struktur der Isomaltose eindeutig [103]. Die Verknüpfung von zwei Glukosemolekülen über eine Alkoholgruppe und eine Hemiacetal-Hydroxylgruppe lässt elf mögliche Variationen zu [131]. Aufgrund dieser äußerst ähnlichen Strukturen ist eine Trennung sehr schwierig. Die Struktur der Isomaltose ist in Abbildung 2.1 zusammen mit Gentiobiose, ebenfalls 1-6 verknüpft, aber in β-Stellung dargestellt.

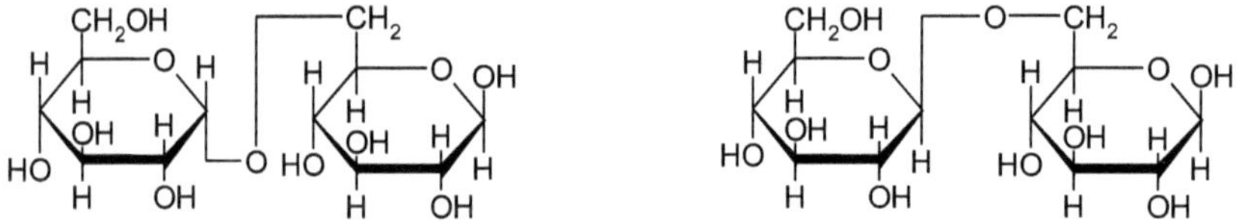

Isomaltose ß-Gentiobiose

Abbildung 2.1: Struktur von Isomaltose und Gentiobiose [159]

Gentiobiose wird gelegentlich auch als β-Isomaltose bezeichnet. Die Struktur und die Eigenschaften dieser glycosidischen Bindung sind durch quantenmechanische Methoden berechnet worden [82].

Die erste wissenschaftliche Erwähnung der Isomaltose durch Emil Fischer geht auf das Jahr 1890 zurück [55]. Fischer versetzte D-Glukose mit konzentrierter Salzsäure. Aus dem entstandenen Sirup isolierte er durch Behandlung mit Phenylhydrazin ein neues Osazon. Aus dessen Eigenschaften leitete er ab, dass der neue Zucker ebenso wie Maltose konstruiert ist. Maltose ist aber α-1-4 verknüpft und im Gegensatz zu Isomaltose durch Hefen vergärbar und kristallisierbar [121].

Neben Fischer publizierten auch weitere Autoren wie C.J. Lintner die Entdeckung von „Isomaltose" [22], deren Beschreibung sogar in den Lexika Meyers [108] und Brockhaus [20] zu finden waren. Lintner erzeugte „Isomaltose" durch eine Hydrolyse von Stärke durch Diastase [48]. Deren Eigenschaften, Vorkommen und Entstehen wurden kontrovers diskutiert [116, 125]. Es stellte sich dabei jedoch heraus, dass Lintner keine Isomaltose, sondern ein Gemisch aus Maltose und Dextrin hergestellt hatte, das er aufgrund der damaligen Analysemöglichkeiten fälschlicherweise für Isomaltose hielt.

Aus dieser Zeit stammen andere Bezeichnungen wie z.B. Dextrinose. Auch Melibiose (CAS Nummer: 585-99-9) wird gelegentlich als Synonyme für Isomaltose verwendet, hierbei handelt es sich jedoch um eine Verknüpfung von Glukose und Galaktose, die ebenfalls wie Isomaltose α-1-6 glycosidisch verbunden ist [40].

In der α-1-6-glycosidischen Bindung liegt eine Besonderheit der Isomaltose, die sie von vielen anderen Disacchariden wie z.B. Maltose (α-1-4) oder Saccharose (α-1-2) unterscheidet. Diese Bindung ist sehr flexibel und ermöglicht praktisch eine freie Drehbarkeit der beiden Glukosebausteine [82]. Begründet wird dies durch ein Fehlen von intramolekularen Wasserstoffbrückenbindungen [120]. Diese Bindung ist auch für die Anwendung als Süßungsmittel entscheidend, denn sie widersteht der endogenen Verdauung. Für die Adsorption in BEA-Zeolithen hat sie eine besondere Bedeutung. Aufgrund der Flexibilität der Isomaltose wird angenommen, dass sich das Molekül in die Poren des Adsorbens hineindrehen kann.

Die genaue Funktion dieser Bindung wurde auch mit NMR-Methoden und durch molekulare Simulation [17, 153] untersucht, um ein besseres Verständnis für das Biopolymer Dextran zu bekommen. Isomaltose ist die Wiederholungseinheit im Polymer Dextran. Neben Dextran ist Isomaltose in anderen häufig vorkommenden Biopolymeren wie Amylopectin und Glykogen zu finden [121].

Die lange, lineare Hauptkette des Dextrans ist α-1-6 verknüpft [68]. Durch eine Hydrolyse aus Dextran kann ebenfalls Isomaltose gewonnen werden. Die Hydrolyse ist dabei jedoch zu unspezifisch, so dass immer ein sehr komplexes Gemisch aus vielen verschieden langen IMOs entsteht. Die Seitenketten des Dextrans sind mit ein bis drei Monomeren sehr kurz und α-1-3 verknüpft. Dextran wird hauptsächlich als Ersatzmittel für Blutplasma verwendet [127]. Mitunter wird Dextran sogar zu Dopingzwecken missbraucht und kann über eine Freisetzung von Isomaltose detektiert werden [65].

Dextran dient in der Natur als extrazellularer Speicherstoff und ist in einer Vielzahl von Mikroorganismen zu finden. Bakterien des Stamms *Leuconostoc mesenteroides* produzieren das Enzym Dextransucrase, welches den Aufbau von Dextran synthetisiert. Dieses Enzym wird seit vielen Jahrzehnten für die industrielle Herstellung von Dextran aus Saccharose genutzt. Aus dem Stamm *L. mesenteroides NRRL B-512-F* wurde eine kommerziell erhältliche Enzymvariante (Fa. CRITT, Toulouse), die sogenannte Dextransucrase (DSRS), (EC 2.4.1.5) isoliert. In dem hier beschriebenen Prozess wird sie unter bestimmten Bedingungen zur Produktion von Isomaltose eingesetzt.

Neben Dextransucrasen können weitere Enzyme wie Amylasen [96, 155] oder Glucosidasen [153] zur Produktion von Isomaltose und IMOs genutzt werden. Für die kontinuierliche

Herstellung von IMOs aus Maltosesirup wurden sogar ganze immobilisierte Zellen eingesetzt [84].

Für die Aufreinigung von Isomaltose wurden bisher hauptsächlich säulenchromatographische Anwendungen, wie das von Miyake et al. [109] patentierte Verfahren, verwendet. Dabei wurde ein Pulver hergestellt, das 65,3% Isomaltose enthält. Die weiteren Bestandteile sind Isomaltodextrin und höhere IMOs. Zu einer Reindarstellung der Isomaltose kann dieses Verfahren demnach nicht genutzt werden.

2.3 Adsorption

Als Adsorption bezeichnet man den Vorgang der Anlagerung von Adsorptiven wie Atomen, Molekülen oder Teilchen aus einer fluiden Phase an der Oberfläche eines Feststoffes, dem Adsorbens. Die fluide Phase kann dabei ein Gas oder eine Flüssigkeit sein.

Die Adsorption zählt zu den chemischen und thermischen Trennverfahren und findet somit in einer Vielzahl von Gebieten Anwendung. Dabei zählt die Abtrennung von Schadstoffen aus Abgasen oder Abwässern [132] genauso zu diesen Trennoperationen wie die Aufreinigung von Pharmaprodukten durch ein chromatographisches Verfahren [12]. Dies zeigt, wie vielseitig die Anwendungsmöglichkeiten der Adsorption sind. Im Vergleich zu anderen Trennverfahren wie Extraktion oder Rektifikation kommt die Adsorption ohne eventuell schädigende Lösungsmittel oder hohe Temperaturen aus. Dafür muss jedoch das Adsorbens als zusätzliche feste Phase in ein System eingebracht werden, was zu neuen Komplikationen führen kann. Das Verständnis für die Vorgänge der Adsorption ist bei weitem noch nicht so ausgereift wie für die Rektifikation, so dass in Zukunft noch große Potenziale für weitere Entwicklungen vorhanden sind [12].

Zur Klassifizierung von Adsorptionsisothermen wird in dieser Arbeit die in Abbildung 2.2 dargestellte Einteilung nach IUPAC verwendet. Für Flüssigphasenadsorptionen sind die Isothermen I, II und III von Interesse. Die Formen IV und V weisen Hysteresen auf, die hauptsächlich in Gasphasenanwendungen auftreten.

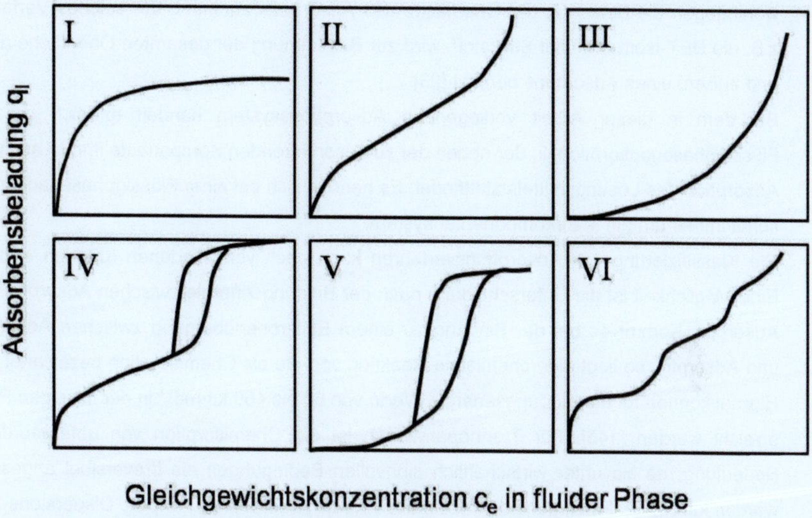

Abbildung 2.2: IUPAC Klassifikation für Adsorptionsisothermen [143]

2.3.1 Adsorption - Grundlagen, Anwendungsgebiete und Modellvorstellungen

Die Adsorption ist ein Gleichgewichtsvorgang, dessen Kinetik sowohl durch äußere Rahmenbedingungen wie Temperatur, Druck oder Konzentration in der fluiden Phase als auch durch die Eigenschaften des Adsorptivs und des Adsorbens beeinflusst wird. Die Umkehrung der Adsorption, die Desorption, findet dabei ebenfalls statt, bis sich nach hinreichend langer Zeit ein dynamisches Gleichgewicht eingestellt hat. Das Gleichgewicht der Adsorption wird durch Adsorptionsisothermen beschrieben. Eine Isotherme für die Komponente i stellt den Verlauf der Adsorbensbeladung q_i als Funktion der Gleichgewichtskonzentration c_e in der fluiden Phase bei konstanter Temperatur ϑ dar:

$$q_i = f(c_e), \quad \vartheta = const \qquad \textbf{Gl. 2.1}$$

Für eine Trennoperation mittels Adsorption muss nicht zwingend das Gleichgewicht erreicht werden, um den gewünschten Erfolg zu erzielen.

Die Gasphasenadsorption stellt den einfachsten Fall der Adsorption dar. Dabei ist eine Reinstoffadsorption mit nur einer Klasse von Teilchen möglich, wenn z.B. nur eine Art von Gas vorliegt. Durch die Adsorption nimmt dabei die Beladung der fluiden Phase ab,

wohingegen die Beladung der Oberfläche des Adsorbens zunimmt. Ein solches Verfahren, z.B. die BET-Isotherme mit Stickstoff, wird zur Bestimmung der gesamten Oberfläche (innen und außen) eines Adsorbens benutzt [23].
Bei dem in dieser Arbeit vorliegenden Adsorptionssystem handelt es sich um eine Flüssigphasenadsorption, in der neben der zu adsorbierenden Komponente immer auch eine Adsorption des Lösungsmittels stattfindet. Es handelt sich bei einer Flüssigphasenadsorption somit immer um ein Mehrkomponentensystem.
Die Klassifizierung von Adsorptionsverfahren kann nach verschiedenen Kriterien erfolgen. Eine Möglichkeit ist die Unterscheidung nach der Bindungsenergie zwischen Adsorbens und Adsorptiv. Kommt es bei der Bindung zu einem Elektronenübergang zwischen Adsorbens und Adsorptiv, so liegt eine chemische Reaktion vor, die als Chemisorption bezeichnet wird. Hierbei können für die Bindungsenergie Werte von 60 bis 450 $kJ \cdot mol^{-1}$ in der flüssigen Phase erreicht werden [145]. Für Trennoperationen ist die Chemisorption von untergeordneter Bedeutung, da sie unter wirtschaftlich sinnvollen Bedingungen als irreversibel angesehen werden kann [12]. Im Gegensatz dazu beruht die Physisorption auf Dipol-, Dispersions- oder Induktionskräften, deren Bindungsenergie in der flüssigen Phase Werte < 50 $kJ \cdot mol^{-1}$ annimmt. Die adsorbierten Moleküle können so mit geeigneten Desorptionsverfahren (Kapitel 2.3.4. Desorption) wieder vom Adsorbens getrennt werden.

Eine weitere Möglichkeit, Adsorptionsverfahren zu klassifizieren, ist die Unterscheidung in Bauformen der Apparate. In dieser Arbeit wird der Mehrphasenbioreaktionsadsorber angewendet, in dem das Adsorbens in einer Wirbelschicht zum Einsatz kommt. Als Alternative dazu wird die Anwendung in einem Festbett-Adsorber diskutiert. Der Festbett-Adsorber ist Standard in der Adsorptionstechnik und zeichnet sich durch eine einfache Charakterisierung und Auslegung aus [12].
Als letztes Klassifizierungsmerkmal seien hier die Mechanismen und Selektivitäten aufgeführt. Die Selektivität des verwendeten BEA-Zeolithen beruht zum einen auf dem Gleichgewichtseffekt, der besagt, dass die Komponente bevorzugt adsorbiert wird, deren Bindung die höchste Energie freisetzt [12]. Da sich die verschiedenen eingesetzten Saccharide in ihrer Größe unterscheiden, kommen zum anderen auch sterische und kinetische Effekte zum Tragen.
Für die Auslegung eines Adsorptionsprozesses kommt dem Adsorbens eine besondere Bedeutung zu. Die Auswahl an verschiedenen Adsorbentien ist fast unüberschaubar und variiert von Anwendung zu Anwendung. In dieser Arbeit sind vor allem großporige, dealuminierte Zeolithe (12 Ringsysteme, Porendurchmesser 6 – 7 Å) von Bedeutung, die in Kapitel 2.4 näher beschrieben werden. Des Weiteren werden zur Stofftrennung von Zuckern

häufig Kieselgele, Adsorberpolymere und Harze verwendet [12, 25]. Diese Adsorbentien unterscheiden sich grundlegend in ihren Eigenschaften von Zeolithen und finden hauptsächlich in chromatographischen Trennungen Anwendung.

Für die Beschreibung von Adsorptionsvorgängen gibt es eine Vielzahl von Ansätzen und Modellvorstellungen. In dieser Arbeit werden die Beziehungen von Langmuir, Henry und Freundlich verwendet.

Die Freundlich-Isotherme ist eine empirische 2-Parameter-Gleichung:

$$q_i = a \cdot c_e{}^{b} \qquad \text{Gl. 2.2}$$

Es handelt sich um eine Potential-Funktion, die keine typische Form einer Isotherme beschreibt [12]. Die Freundlich-Konstante a und der Freundlich-Exponent b sind temperaturabhängig und werden an die vorliegenden Messdaten angepasst. Für die Beschreibung des Gesamtverlaufs einer Isotherme muss die Gültigkeit der Freundlich-Parameter beachtet werden [145]. Häufig ist diese auf begrenzte Konzentrationsbereiche beschränkt.

Irwing Langmuir formulierte eine Modellvorstellung, die vor allem für die Gasphasenadsorption eine gute Näherung darstellt und im Gegensatz zu Freundlich-Isothermen eine thermodynamische Verankerung besitzt [95]. Neben verschiedener Annahmen, wie der energetischen Gleichwertigkeit aller Adsorptionsplätze, keine Wechselwirkungen zwischen adsorbierten Molekülen und einer monomolekularen Bedeckung der Adsorbensoberfläche, geht Langmuir von einem dynamischen Gleichgewicht aus. Die Geschwindigkeit der Ad- und Desorption sind demnach gleich groß. Für die Praxis treffen diese Annahmen häufig nicht zu. Trotzdem wird die Langmuir-Gleichung oft für Prozesse verwendet, in denen sich die Beladung q_i asymptotisch einem Endwert, der Sättigungsbeladung $q_{i,max}$, nähert:

$$q_i = \frac{q_{i,max} \cdot b_i \cdot c_e}{1 + b_i \cdot c_e} \qquad \text{Gl. 2.3}$$

Der Langmuir-Parameter b_i beschreibt dabei das Verhältnis der Geschwindigkeitskonstanten für die Adsorption (k_1) und die Desorption (k_{-1}):

$$b_i = \frac{k_1}{k_{-1}} \qquad \text{Gl. 2.4}$$

In der Klassifizierung für Isothermen nach IUPAC wird eine Isotherme, die sich durch die Langmuir-Gleichung beschreiben lässt, in die Kategorie Typ I eingeordnet. Isothermen dieses Typs sind gekennzeichnet durch einen sehr steilen Anstieg der Adsorbensbeladung bei niedrigen Fluidbeladungen und ein Abflachen der Steigung mit der Annäherung an einen Sättigungswert. Für viele mikroporöse Adsorbentien, wie z.B. Zeolithe, wird bei einer Adsorption eine Isotherme vom Typ I gefunden [132].

Die Langmuir-Gleichung lässt sich durch verschiedene Methoden in eine lineare Gleichung überführen (Lineweaver-Burk-Plot, Eadie-Hofstee-Plot), um die Parameter b_i und $q_{i,max}$ zu bestimmen. Bei Messwerten, die sich über einen größeren Konzentrationsbereich erstrecken, haben diese Methoden jedoch deutliche Nachteile. Langmuir [95] selbst schlug eine Linearisierung durch Kehrwertbildung seines Modells vor, in der beide Achsen mit der Gleichgewichtskonzentration c_e gewichtet werden. In dieser Arbeit wird ein nichtlinearer Algorithmus (Minimierung der Summe der Fehlerquadrate) zur Bestimmung der Langmuir-Parameter genutzt [138].

Für sehr niedrige Konzentrationen geht die Langmuir-Gleichung in einen linearen Zusammenhang über:

$$\lim_{c_e \to 0}\left(\frac{q_i}{c_e}\right) = b_i \cdot q_{i,max} = K_{i,L} \qquad \textbf{Gl. 2.5}$$

Die Adsorptionsgleichgewichtskonstante $K_{i,L}$ kann so mit der Henry-Konstante K_i verglichen werden.

Die Henry-Gleichung beschreibt einen linearen Zusammenhang zwischen Adsorbens- und Fluidbeladung [132]:

$$q_i = K_i \cdot c_e \qquad \textbf{Gl. 2.6}$$

Die Henry-Gleichung ist in dieser Arbeit vor allem für das schnelle Screening von Adsorbentien von Interesse. Werden zwei Henry-Konstanten K_i auf einander bezogen, ergibt sich daraus das Beladungsverhältnis L:

$$L_{1,2} = \frac{K_1}{K_2} \qquad \textbf{Gl. 2.7}$$

In Gl. 2.7 handelt es sich bei beiden Konstanten um Daten aus einer Reinstoff- bzw. Einkomponentenadsorption. Das Beladungsverhältnis zeigt somit nur den Vergleich zweier

Affinitäten bei idealem Verhalten, d. h. wenn sich die beiden Adsorptive nicht gegenseitig beeinflussen.

Das Beladungsverhältnis L darf nicht mit der Selektivität α verwechselt werden, denn diese stellt den Trennfaktor im realen System dar. Hier wird die Beladung einer Komponente in Abhängigkeit eines weiteren Adsorptivs bestimmt.

$$\alpha_{1,2} = \frac{q_{i,1,2}/q_{i,2,1}}{c_{e,1,2}/c_{e,2,1}} \qquad \textbf{Gl. 2.8}$$

Für die Anwendung der Adsorption ist die Einstellung des Adsorptionsgleichgewichts nicht zwingend erforderlich. Der Zusammenhang zwischen der Fluidbeladung und der Adsorbensbeladung zu einer beliebigen Zeit kann durch die Arbeitsgerade ausgedrückt werden. Die Arbeitsgerade beschreibt den Massenstrom M_t an Adsorptiv, der zum Zeitpunkt t vom Solvent auf das Adsorbens übergeht. Dieser Zusammenhang wird durch die folgende Gleichung ausgedrückt:

$$M_t = -V_L \frac{dc}{dt} = m_{Ad} \frac{dq_i}{dt} \qquad \textbf{Gl. 2.9}$$

Daraus lässt sich der Zusammenhang für das Solvent-Adsorbens-Verhältnis V_L/m_{Ad} ableiten, der gleichzeitig den Verlauf der Arbeitsgeraden beschreibt:

$$\frac{dq_i}{dc} = -\frac{V_L}{m_{Ad}} \qquad \textbf{Gl. 2.10}$$

Dieses Solvent-Adsorbens-Verhältnis V_L/m_{Ad} bestimmt, wie in Abbildung 2.3 gezeigt, die Arbeitsgeraden des Systems und im Gleichgewichtszustand den Punkt auf der Isotherme in Abhängigkeit der Startkonzentration c_i. Dabei ist die Beladung q_i des Adsorbens umso größer, je weniger Adsorbens vorhanden ist, also ein hohes Solvent-Adsorbens-Verhältnis vorliegt. Gleichzeitig ist die Reduzierung der Gleichgewichtskonzentration c_e niedriger, denn bei hohem Solvent-Adsorbens-Verhältnis steht für die gleiche Menge an Adsorptiv weniger Adsorbens mit Aufnahmekapazität zur Verfügung.

Die Auswahl des günstigsten Solvent-Adsorbens-Verhältnis hängt von der Zielsetzung der Adsorption ab. Soll z.B. in einem kontinuierlichen Prozess eine Ausschleusung des Produktes erfolgen, ist es sinnvoll, das Adsorbens so hoch wie möglich zu beladen. Ist hingegen in einem Batchprozess die größtmögliche Abreicherung aus dem Fluid das Ziel, sollte das Solvent-Adsorbens-Verhältnis so gering wie möglich gewählt werden.

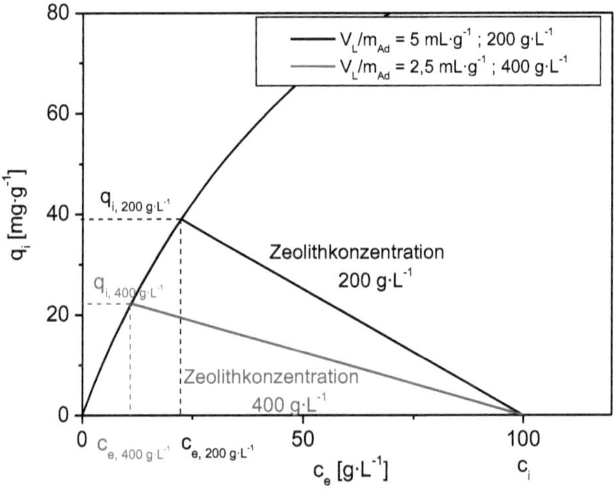

Abbildung 2.3: Arbeitsgeraden für verschiedene Zeolithkonzentrationen (Solvent-Adsorbens-Verhältnis V_L/m_{Ad}) bei einer Startkonzentration $c_i = 100\ g\cdot L^{-1}$

2.3.2 Flüssigphasenadsorption

Bei der Flüssigphasenadsorption handelt es sich immer um eine Mehrkomponenten-adsorption, da sowohl das gewünschte Adsorptiv als auch das Lösungsmittel mit der Oberfläche des Adsorbens interagieren.

Für die Bestimmung der Beladung wird in einfachster Näherung der Adsorptionsexzess q_i^{Ex} verwendet:

$$q_i^{Ex} = \frac{c_i - c_e}{m_{Ad}} \cdot V_L \qquad \text{Gl. 2.11}$$

Die Startkonzentration c_i wird vor der Zugabe der Adsorbensmasse m_{Ad} bestimmt. Die Gleichgewichtskonzentration c_e wird nach hinreichend langer Zeit ermittelt. Der Adsorptionsexzess q_i^{Ex} kann sowohl negative als auch positive Werte annehmen. Negative Werte bedeuten, dass die Komponente aus den Poren des Adsorbens ausgeschlossen wird. Als Folge steigt die Konzentration der ausgeschlossenen Komponente im Lösungsmittel, weil das Lösungsmittel adsorbiert wird. Die Beladung der Flüssigkeit wird in Gl. 2.11 als Konzentrationen c_i bzw. c_e in $g \cdot L^{-1}$ angegeben. Das Volumen V_L des Ansatzes wird in mL angegeben. Als Einheit für die Beladung q_i^{Ex} ergibt sich somit mg Adsorbat pro g Adsorbens [$mg \cdot g^{-1}$].

Um ein Maß für die maximal mögliche Beladung zu finden, wird die Gesamtsättigungsbeladung q_s eingeführt. Es wird angenommen, dass q_s für einen jeweiligen Zeolithtyp eine Konstante ist. Dabei sollen die Poren maximal gefüllt sein. q_s setzt sich additiv aus der Beladung der Komponenten q_i und dem Lösungsmittel Wasser q_{H2O} zusammen [56]:

$$q_s = q_i + q_{H2O} \qquad \text{Gl. 2.12}$$

Die Gesamtsättigungsbeladung q_s wird in einem Ausschlussexperiment bestimmt. Dafür wird Saccharose verwendet, die nicht adsorbiert wird. Die Beladung q_i in diesem Ausschlussexperiment ist somit gleich null. Die Konzentration dieser Komponente wird vor und nach der Gleichgewichtseinstellung ermittelt. Variiert wird das Verhältnis m_{Ad}/V_L.
Aus der Auftragung c_i/c_e über m_{Ad}/V_L resultiert eine Gerade, die durch folgende Gleichung beschrieben wird:

$$\frac{c_i}{c_e} = 1 - V_{H2O} \cdot \frac{m_{Ad}}{V_L} \qquad \text{Gl. 2.13}$$

Mit der Vereinfachung: Dichte Wasser $\rho_{H2O} = 1\ g \cdot mL^{-1}$, folgt für $V_L = m_0$ und somit $V_{H2O} = q_s$.

Für die Flüssigphasenadsorption ist es sinnvoll, die Adsorption des Lösungsmittel mit zu berücksichtigen, was durch Einführung der folgenden Gleichung erzielt wird:

$$q_i = \frac{c_i - \left(1 - q_s \cdot \frac{m_{Ad}}{m_0}\right) c_e}{m_{Ad} \cdot \left(\frac{1}{V_L} + \frac{1}{m_0} \cdot c_e\right)} \qquad \text{Gl. 2.14}$$

Die Größe m_0 beschreibt die Masse des Fluidvolumens V_L. Die Beladung q_i für die Komponente i ist somit immer positiv und nimmt einen größeren Wert als q_i^{Ex} an [56]. Für sehr stark bevorzugt adsorbierte Stoffe ist der Unterschied zwischen q_i und q_i^{Ex} sehr gering, da der Term $\left(1 - q_S \frac{m_{Ad}}{m_0}\right)$ die Differenz zwischen den Konzentrationen c_i und c_e nicht wesentlich vergrößert.

Sind Isothermen einer Substanz für verschiedene Temperaturen bekannt, kann die Abschätzung der Adsorptionsenthalpie durch den van´t Hoff-Plot [60, 67] bzw. die Bestimmung von Isosteren [11] erfolgen. Es existieren unterschiedliche Methoden, die jedoch alle die Gemeinsamkeit haben, dass eine die Beladung beschreibende Größe (c_e oder K_i, bzw. $K_{i,L}$) logarithmisch über dem Kehrwert der absoluten Temperatur T aufgetragen wird. Mit der allgemeinen Gaskonstante R (8,3114 $J \cdot K^{-1} \cdot mol^{-1}$) kann aus dem folgenden Zusammenhang die Adsorptionsenthalpie Δh_{Ad} aus der Steigung einer linearen Regression bestimmt werden:

$$\ln\left(\frac{1}{c_e}\right)_{q_i=const} = \frac{\Delta h_{Ad}}{R \cdot T} \qquad \textbf{Gl. 2.15}$$

Alternativ kann die Adsorptionsgleichgewichtskonstante $K_{i,L}$ bzw. die Henry-Konstante K_i aufgetragen werden, wobei sich eine negative Steigung ergibt:

$$\ln K = -\frac{\Delta h_{Ad}}{R \cdot T} \qquad \textbf{Gl. 2.16}$$

Die Bestimmung der Isosteren nach Gleichung 2.15 ermöglicht, die Enthalpie als Funktion der Beladung q_i darzustellen. Bei der Verwendung von Gleichung 2.16 wird lediglich ein Wert zur Bestimmung der Enthalpie herangezogen. K beschreibt somit den Henry-Bereich. Für die Henry-Konstante K_i wird nur der erste Messwert der Isotherme verwendet. $K_{i,L}$ hingegen wird aus einer nichtlinearen Regression der Isothermendaten bestimmt wird. Beide Gleichungen können jedoch nur eine Näherung darstellen. Sobald Abweichungen vom idealen Verhalten auftreten führt diese Methode zu starken Schwankungen. Die ermittelte Adsorptionsenthalpie Δh_{Ad} ist umso genauer, je mehr Isothermen für verschiedene Temperaturen vorliegen.

2.3.3 Aufreinigung von Sacchariden durch Adsorption

Für die Aufarbeitung von Zuckermolekülen werden je nach Herkunft und Eigenschaften unterschiedlichste Trenntechniken verwendet. Der Haushaltszucker Saccharose kann z.B. aus einem Sirup, der aus der Zuckerrübe extrahiert wird, durch Kristallisation gewonnen werden. Für die im hier skizzierten Prozess angestrebte Herstellung von Isomaltose ist dies nicht möglich, da Isomaltose amorphe Eigenschaften zeigt.

Neben Extraktion und Kristallisation werden häufig die Verfahren der Adsorption, Chromatographie und die Trennung durch Membranen [25] eingesetzt. Der Trennprozess während einer Chromatographie basiert auf unterschiedlichen Affinitäten zwischen Substanzen in einer fluiden Phase und einer festen Phase [137]. Dabei werden Stoffe aus der fluiden Phase an der festen Phase adsorbiert und wieder desorbiert. Somit ist die Chromatographie ein Spezialfall einer Trennung durch Adsorption. Auch bei Membran-Trennverfahren spielen die Vorgänge der Adsorption eine Rolle. Hierbei sind es vor allem Ablagerungsprozesse an der Membran (Fouling), die häufig einen negativen Einfluss auf die Trennleistung haben.

Da die Adsorption zur Aufreinigung von Sacchariden in dieser Arbeit eine besondere Rolle einnimmt, sollen hier kurz die chromatographischen Verfahren erläutert werden. Sowohl präparativ als auch analytisch werden häufig Adsorberpolymere, Kieselgele und Harze verwendet. Im Gegensatz zu Zeolithen handelt es sich bei diesen Substanzen um Partikel, die kaum Porenstruktur oder innere Oberfläche besitzen und nicht als Molekularsiebe fungieren. Die Interaktion mit dem Adsorptiv kommt durch funktionelle Gruppen auf der äußeren Oberfläche dieser Partikel zustande.

Die Prozessgestaltung der Chromatographie kann sehr komplex werden, wie z.B. die Trennung durch ein Simulated Moving Bed (SMB) zeigt. Dieses Anfang der 1960 Jahre von der Ölindustrie (UOP Inc.) entwickelte Verfahren (Sorbex®-Technologie) [21] setzte sich mehr und mehr durch und wird unter anderem zur Aufreinigung von monoklonalen Antikörpern erforscht [88].

Als Sarex®-Prozess ist die aus der Sorbex®-Technologie entwickelte SMB-Methode zur Herstellung von High Fructose Corn Sirup (HFCS) bekannt geworden. Johnson und Oroskar [83] bieten in ihrem Artikel einen sehr detailierten Überblick über diese Technik. Im Sarex-Prozess wurden auch Zeolithe zur Trennung von Glukose und Fruktose eingesetzt. Zeolithe zeigen für diese Anwendung Vorteile durch einen schnelleren Massentransport. Für hochkonzentrierte Lösungen sind die Isothermen allerdings ungünstiger als die von Harzen. Durch die Anpassung der Rand- und Rahmenbedingungen wird weiter versucht, Zeolithe für den HFCS-Prozess zu verbessern. Dabei kann durch eine gezielte Einstellung der Ionenkonzentration von Na^{+} und Ca^{++} die Adsorption zugunsten von Glukose oder Fruktose verschoben werden [72]. Einen weiteren Überblick über diese Trennmethoden geben Jasra und Bhat [81].

Trotz des Vorteils der Zeolithe durch schnellere Diffusion haben Harze und Polymere die zeolith-chromatographische Trennung weitestgehend verdrängt [56]. Dies ist hauptsächlich in der Kostenstruktur der Zeolithe begründet und der Tatsache geschuldet, dass Zeolithe in wässrigem Milieu bei weitem nicht die Standzeiten aufweisen wie z.B. saure Kationentauscher auf Polymerbasis [83].
Alle chromatographischen Verfahren haben jedoch einige Nachteile. So kann die Säule im kontinuierlichen Betrieb nicht mit einer beliebig hohen Konzentration an Produktgemisch beladen werden, da dann keine Trennung erfolgt. Weiter führen alle chromatographischen Verfahren zwangsläufig zu einer Verdünnung durch die mobile Phase. Für die Auftrennung komplexer Gemische sind mitunter mehrere Säulen erforderlich [31].
Speziell zur Aufreinigung von Isomaltose gibt es umfassende Patentliteratur [109]. Hier basiert die Trennung auf einer Säulenchromatographie mit stark sauren Kationenaustauscherharzen oder Styrol/Divinylbenzol-Mischpolymerharzen. Für eine ausreichende Trennleistung wird eine Säulenlänge von mindestens sieben Metern empfohlen. Dabei lassen sich Reinheiten von bis zu 70% erzielen.
Untersuchungen von Adsorption und Chromatographie zur Trennung von Kohlenhydraten durch Zeolithe wurden unter anderem von Fornefett [56], Wach [154] und Buttersack et al. [25, 27, 30, 29] beschrieben.
Die entscheidenden Gründe für die Untersuchung von Zeolithen für die hier angestrebte reaktionsintegrierte Adsorption liegen zum einen in der mechanischen Stabilität von sehr fein dispersen Zeolithen. Die Betriebsweise des MBRA erfordert zur Aufreinigung eine Trennung von Adsorbens und Biokatalysator. Dies ist durch Adsorbentien auf Polymerbasis aufgrund der Partikelgröße nicht zu realisieren. Zum anderen können weiche Adsorbentien durch eine Umlaufpumpe, die zur Erzeugung des Wirbelbettes nötig ist, beschädigt werden. Ein weiterer Grund liegt in der sehr hohen Selektivität von Zeolithen. Wie in Abb. 2.1 gezeigt wurde, unterscheiden sich Isomaltose (α-1-6) und Gentiobiose (β-1-6) lediglich in der Art der glycosidischen Bindung. Adsorptionsuntersuchungen an Zeolithen vom Typ Faujasite (FAU, bzw. X oder Y-Zeolite) zeigten den Ausschluss von Gentiobiose, aber eine Affinität für Isomaltose [28]. Diese Trennschärfe kann mit herkömmlichen Adsorberpolymeren nicht erzielt werden.

2.3.4 Desorption

Die Desorption ist die Umkehrung der Adsorption. Sie wird durch eine Veränderung des Gleichgewichtszustandes erzielt. Im hier vorliegenden Prozess hat die Desorption eine besondere Bedeutung, denn sie führt letztendlich zur Freisetzung des adsorbierten Produkts

Isomaltose. Um den Aufreinigungserfolg der Adsorption zu erhalten, muss das Desorptionsverfahren so eingestellt werden, dass das gewünschte Produkt möglichst selektiv freigesetzt wird. Die Bedingungen der Desorption müssen so gewählt werden, dass die verschiedenen adsorbierten Saccharide unterschiedliche Desorptionsgeschwindigkeiten haben. Wenn dies realisierbar ist, kann die Selektivität dieser Trennoperation und damit die Reinheit des Produktes erhöht werden.

Bei der Auswahl der geeigneten Desorptionsmethode muss darauf geachtet werden, dass das Produkt nicht beschädigt wird. Dies schränkt die Wahl der zur Verfügung stehenden Methoden ein.
Für die Desorption in der Flüssigphase werden folgende Verfahren in großtechnischen Prozessen verwendet [12]:

1. thermische Desorption (Temperaturwechsel)
2. Desorption durch Extraktion
3. Desorption durch pH-Wert-Verschiebung
4. Desorption durch Änderung des Salzgehaltes

Bei der Gewinnung von thermisch instabilen Biomolekülen kann die thermische Desorption aus Gründen des Produktschutzes nur in begrenztem Rahmen eingesetzt werden. Die Desorption durch Extraktion kann durch verschiedene Lösungsmittel erzielt werden. Dabei wird nach der FFT ein anderes Lösungsmittel verwendet, dass die Desorption einer bestimmten Komponente begünstigt. Wird dabei ein unbeladenes Fluid verwendet, das selbst nur wenig adsorbiert wird, liegt die Triebkraft der Desorption in der Änderung der Gleichgewichtskonzentration. Diese Desorption wird auch als Konzentrationswechseldesorption bezeichnet. Wenn der Eluent aus einer Komponente besteht, die noch stärker adsorbiert wird als das gewünschte Produkt, spricht man von einer Verdrängungsdesorption. Bei der Verdrängungsdesorption muss die Zielsetzung der Aufarbeitung beachtet werden. Der verwendete Eluent muss sich ggf. vollständig aus dem Produkt entfernen lassen und darf nicht mit dem Produkt interagieren. Besonders für Anwendungen im Nahrungsmittelbereich ist die Auswahl geeigneter Verdrängungseluenten begrenzt.

Die Desorption durch pH-Wert-Verschiebung könnte in der beschriebenen Anwendung zu Produktschäden, z.B. durch Hydrolyse, führen. Durch die Änderung des Salzgehaltes würde ein weiterer Stoff ins System eingebracht werden, der kristallisieren kann. Am Ende der

Prozesskette müsste das Salz vom Zielprodukt Isomaltose aufwändig abgetrennt werden. Aus diesen Gründen wird in dieser Arbeit nur eine Untersuchung der thermischen und der extraktiven Desorption durchgeführt.

Die beschriebenen Verfahren lassen sich auch kombinieren und so kann die Triebkraft für die Desorption erhöht werden. Aus thermodynamischer Sicht funktioniert die Desorption nach dem Prinzip des kleinesten Zwangs (Le Chatelier) [12]. Dabei wird das Gleichgewicht durch eine Änderung der Rahmenbedingungen in die gewünschte Richtung verschoben. Das Vorliegen einer stark ausgeprägten Langmuir-Isotherme ist dabei für die Desorption problematisch, wie in Abbildung 2.4 skizziert wird.

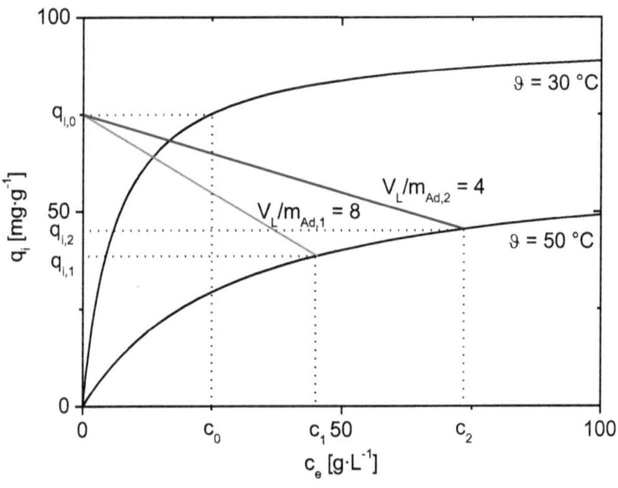

Abbildung 2.4: Arbeitsgeraden der Desorption für verschiedene Zeolithkonzentrationen (Eluent-Adsorbens-Verhältnis V_L/m_{Ad}) bei einer Startbeladung $q_{i,0}$ = 75 mg·g^{-1} [145]

Abbildung 2.4 zeigt zwei Langmuir Isothermen bei Temperaturen von 30 °C bzw. 50 °C, sowie Arbeitsgeraden der Desorption für unterschiedliche Eluent-Adsorbens-Verhältnisse V_L/m_{Ad}.

In dieser Darstellung wird angenommen, dass die Desorption durch eine Temperaturänderung erreicht wird und sich die neuen Gleichgewichtszustände auf der Isotherme bei 50 °C befinden. Die Steigung der Arbeitsgeraden verläuft umso steiler, je mehr Eluent pro Adsorbens verwendet wird. Dadurch erhöht sich die Triebkraft für die Freisetzung

und eine höhere Entladung des Adsorbens wird erreicht. Die erzielte Konzentration an Zielprodukt im Eluenten ist bei hohen Eluent-Adsorbens-Verhältnisse jedoch niedriger, was den Aufwand für die spätere Abtrennung des Eluenten erhöht.
Aufgrund der Steigung der Langmuir Isothermen wird der Aufwand zur Desorption mit niedrigen Beladungen immer größer. Dies liegt daran, dass bei geringen Gleichgewichtskonzentrationen c_e bereits eine hohe Beladung q_i erzeugt wird, weil die Steigung der Isothermen in Richtung des Ursprungs immer größer wird. Für die Prozessgestaltung bedeutet dies, dass eine vollständige Desorption nur mit hohem Aufwand möglich ist. Für die Wirtschaftlichkeit so einer Trennoperation sind die nutzbare Beladungsdifferenz und die Wiederverwendung des Adsorbens entscheidend. Eine Restbeladung mit Sacchariden muss für eine erneute Verwendung als Adsorbens beachtet werden. Denn durch die thermische Aktivierung der Zeolithe könnte es zu einer Verkokung der Zuckereste und zu einer Veränderung der Porenstruktur kommen.

Die Kinetik der Desorption wird durch die eigentliche Freisetzung des Adsorptivs aus der Pore und dem Stofftransport im Porensystem beeinflusst. Eine Unterscheidung dieser beiden Einflussfaktoren ist sehr komplex. Für den Vergleich verschiedener Zeolithtypen ist jedoch hier nur die Zeit entscheidend, wann die Zuckermoleküle wieder in der Lösung vorliegen und gemessen werden können. Zur Beschreibung dieser Problematik ist die Gleichung 2.17 ausreichend.

$$\frac{dq_i}{dt} = -k_{-1} \cdot q_i \qquad \text{Gl. 2.17}$$

Die Desorptionsgeschwindigkeit $\frac{dq_i}{dt}$ ist proportional der zu jedem Zeitpunkt noch vorhandenen Beladung q_i [145]. Die Geschwindigkeitskonstante k_{-1} ist temperaturabhängig und kann durch den folgenden Zusammenhang

$$k_{-1} = k_0 \cdot e^{-\frac{E}{RT}} \qquad \text{Gl. 2.18}$$

mit der Aktivierungsenergie E, der allgemeinen Gaskonstante R, der absoluten Temperatur T und dem Frequenzfaktor k_0 beschrieben werden [145]. Da sowohl die Aktivierungsenergie E als auch der Frequenzfaktor k_0 vom Bedeckungsgrad abhängen, sind zur Ermittlung von k_{-1} nach Gleichung 2.18 weitere Messungen zur Bestimmung der Konstanten nötig.

Um die Geschwindigkeitskonstante k_{-1} aus der Desorptionskinetik zu bestimmen wird Gl. 2.17 integriert. Es ergibt sich:

$$q_i = q_{i,0} \cdot e^{-k_{-1} \cdot t} \qquad \textbf{Gl. 2.19}$$

Die Konstanten $q_{i,0}$ und k_{-1} können mit einer nichtlinearen Regression bestimmt werden.

2.4 Zeolithe

Zeolithe sind Alumosilicate mit sehr definierter Porenstruktur. Sie kommen in verschiedenen Varianten in der Natur vor. Für technische Anwendungen sind vor allem synthetische Zeolithe relevant, die seit den 1960 Jahren hergestellt werden. Deren Synthese, Struktur und Anwendung wurde seitdem in verschiedenen Werken dokumentiert [4, 19, 92, 157]. Die Vielzahl der verschiedenen Zeolithstrukturen wurde mit der Gründung der International Zeolite Association (www.iza-online.org) auf einen Dreibuchstabencode vereinheitlicht. Es existieren jedoch noch viele verschiedene Synonyme und Herstellerbezeichnungen. Die Übersicht der Strukturen und Eigenschaften werden im Atlas of zeolite framework types [5] katalogisiert.

Das Kristallgitter von Zeolithen setzt sich aus Silizium- und Aluminiumoxid Tetraedern zusammen. Diese Tetraeder sind über Sauerstoffatome verbunden, wobei es nach der Löwenstein-Regel nie zu einer Al-O-Al-Bindung kommen kann [100]. Die allgemeine Summenformel für Zeolithe lautet [19]:

$$M_{2/n}O \cdot Al_2O_3 \cdot xSiO_2 \cdot yH_2O \qquad \textbf{Gl. 2.20}$$

Art des Kations M, n ist die Valenz des Kations; n = 1 gilt für Alkalikationen, n = 2 für Erdalkalikationen, x = 2 ... 200 und y repräsentiert das Kristallwasser [92]. Die Kationen sitzen an den aktiven Aluminiumzentren und können ausgetauscht werden. Durch Röntgenstrukturanalyse kann die Struktur der Zeolithe bestimmt werden. Das Konzept der Secondary Building Units (SBUs) wird häufig genutzt, um Zeolithstrukturen darzustellen. Es ist auch für die Betrachtung von Adsorptionsvorgängen geeignet [12]. Die SBUs stellen die kleinste Baueinheit der Gerüststruktur dar, durch dessen Wiederholung sich die Tertiärstruktur zu Polyedern oder Käfigen ergeben. Die Größe der Poren wird durch die Anzahl und die Anordnung der Silizium- (Si) und Aluminium-Ionen (Al) in einer SBU bestimmt. Si und Al werden auch als Tetraeder- oder T-Atome bezeichnet. Für engporige Zeolithe (3A, 4A und 5A vom Gittertyp LTA) mit acht T-Atomen ergeben sich

Porendurchmesser im Bereich von 0,3 bis 0,5 nm [150]. Weitporige Zeolithe mit 12 T-Atomen können einen Porendurchmesser von bis zu 0,75 nm haben [12].

Die mengenmäßig häufigste Anwendung von Zeolithen ist derzeit der Einsatz in Waschmitteln [92]. Dazu werden sehr engporige Zeolithe verwendet, die als Kationenaustauscher fungieren und Calciumionen aufnehmen. In der petrochemischen Industrie finden Zeolithe seit längerem Anwendung als Katalysatoren. Von besonderer Bedeutung ist das Fluid Catalytic Cracking (FCC)-Verfahren zur Herstellung von Kraftfahrzeugbenzin [157]. Fortschritte im Bereich der Zeolithtechnologie führte beim FCC dazu, dass die Ausbeute an Benzin, welches pro eingesetztem Rohöl gewonnen wird, in den letzten 50 Jahren um 10% gestiegen ist [144]. Für die ersten Entwicklungsstufen des FCC wurden Y-Zeolithe (FAU) verwendet. Die Verbesserung dieser Katalysatoren wurde durch höhere Siliziumgehalte erreicht. Heutzutage wird beim FCC eine Kombination aus siliziumreichen Y-Zeolithen und Zeolithe ZSM-5 (MFI) verwendet [92]. ZSM-5 fungiert dabei als Molekularsieb, um lineare Kohlenwasserstoffe von verzweigten zu trennen. Durch weitere Forschung wird versucht, die Oberfläche von ZSM-5 gezielt zu verändern, um eine höhere Selektivität zu erreichen [129]. Das Beispiel des FCC zeigt, dass der Stand der Technik bereits für einige Anwendungen die Herstellung von „Designer"-Katalysatoren ermöglicht.

Die in dieser Arbeit verwendeten BEA-Zeolithe werden als Abgaskatalysatoren für Kraftfahrzeuge eingesetzt. Sie sind aber auch in anderen Bereichen als Katalysator von Interesse, z.B. bei Alkylierungen [151], Isomerisierung [106] oder Dehydrierungen [93].

2.4.1 Eigenschaften und Anwendung von Zeolithen

Der Anteil an Aluminium in der Gerüststruktur bestimmt maßgeblich die Eigenschaften des Zeolithen. Das Silizium / Aluminium-Verhältnis (Si/Al), das nach der Löwenstein-Regel [100] immer größer eins sein muss, ist somit eine wichtige charakteristische Größe von Zeolithen. Zeolithen mit hohem Aluminiumanteil (Si/Al < 5) haben hydrophile Eigenschaften und sind stark hygroskopisch [54, 66]. Zeolithe mit geringem Aluminiumanteil (Si/Al > 10), sogenannte dealuminierte Zeolithe, sind hydrophob und können zur Adsorption von unpolaren Substanzen eingesetzt werden [26-28, 30, 117]. Si/Al ist ein atomares Verhältnis und wird üblicherweise ohne Einheit angegeben. Es beschreibt, wie viele Siliziumatome pro Aluminiumatom vorkommen. Das Si/Al-Verhältnis kann auch durch das sogenannte Modul ausgedrückt werden. Das Modul wird häufig zur Bezeichnung von Zeolithen verwendet. Beim Modul wird das molare Verhältnis von SiO_2 zu Al_2O_3 in der Einheit $mol \cdot mol^{-1}$ angegeben. Demnach entspricht das Modul dem doppelten Wert des Si/Al. Für den hier verwendeten Zeolith H-BEA 150 ist das Modul 150 $mol \cdot mol^{-1}$ und das Si/Al = 75:1. Häufig wird, wie auch in dieser Arbeit, auf das „:1" in der Angabe des Si/Al verzichtet.

Die Aluminiumzentren im Zeolithgitter werden als Gitterfehlstellen bezeichnet. Diese sind sowohl für adsorptive als auch für katalytische Eigenschaften von Interesse. An der Stelle, wo sich im Gitter ein Aluminiumatom statt eines Siliziumatoms befindet, muss die negative Ladung durch ein Kation ausgeglichen werden [111].
Der Kationenaustausch ist eine der vielfach angewendeten Methoden, die Eigenschaften von Zeolithen zu modifizieren [69, 72, 107, 146, 147]. Der freie Porendurchmesser wird zum einen durch die Größe des Kations beeinflusst, zum anderen durch die Fähigkeit des Kations, eine Hydrathülle zu bilden. Für Y-Zeolithe (FAU) wurde der Einfluss des Kations auf die Adsorption verschiedener Saccharide von Buttersack et al. [29] untersucht. Für den hier verwendeten BEA-Zeolithen geben Sun und Navrotsky [147] einen Überblick über den Einfluss verschiedener Kationen auf die Fähigkeit zur Wasserbindung. Einige Zeolithe werden jedoch in protonierter Form hergestellt (z.B. H-BEA-Zeolithe), so dass ein Wasserstoffatom an die Stelle des Metallkations tritt. Dies ermöglicht einen größeren Porendurchmesser. Gleichzeitig entsteht so aber ein säurekatalytisches Zentrum [97], was im Fall der Adsorption aufgrund von möglichen Nebenreaktionen unerwünscht ist. Für adsorptive Applikationen wird deshalb ein Kationenaustausch durchgeführt.
Eine weitere Möglichkeit der Modifikation ist der Austausch von Aluminium gegen andere Elemente wie Bor [64, 130] oder Titan [105, 130, 135]. Dabei wird die Säurestärke reduziert. Durch partiellen Austausch gegen Platin können bifunktionale BEA-Zeolithe hergestellt werden [106], die zur Verbesserung von Katalysatoren für die Hydroisomerisierung von Erdöl dienen.
Für den Einsatz als Adsorbens sind vor allem die Sorptions- und Transporteigenschaften von Zeolithen interessant. Durch nachträgliche Oberflächenmodifikationen kann die Selektivität verschiedener Moleküle beeinflusst werden. Für Zeolithe H-ZSM 5 wurden durch eine nachträglich aufgebrachte Siliziumoxidschicht Trichter auf der äußeren Oberfläche erzeugt [129]. Dadurch konnte die Sorptionsgeschwindigkeit für Benzol erhöht werden. Einen Überblick über weitere Präperationsmöglichkeiten, wie Coatings, gibt Jansen et al. [80].
Durch nachträgliche Behandlungen lassen sich auch die hydrophoben Eigenschaften von Zeolithen verändern [162]. Dies ist für technische Prozesse interessant, denn die Anlagerung von Wasser in zeolithischen Strukturen stellt oft ein Problem für die Anwendung dar. Es gibt jedoch auch Untersuchungen, in denen durch die Anlagerung von Wasser ein positiver Effekt auftritt, wie z.B. bei der Adsorption von NO_2 aus Umgebungsluft [2].

Zeolithe können zu unterschiedlichen Formkörpern verarbeitet werden. Häufig entstehen bei der Synthese von Zeolithen Kristalle unterschiedlicher Größe. Es handelt sich um Pulver mit Partikeln von 0,2 – 50 µm. Bessere Handhabung in Industrie und Technik gewährleisten größere Formkörper. Hierdurch kann z.B. ein zu großer Druckverlust in einem Festbett vermieden werden. Häufig geschieht die Vergrößerung durch Zugabe eines Bindemittels und Verarbeitung in einem Extruder. Die erhaltenen Extrudate können sich durch den Prozess der Extrusion deutlich in ihren Eigenschaften von den Pulverzeolithen unterscheiden. Durch die Extrusion entsteht eine zusätzliche Meso- und/oder Makroporenstruktur, die Einfluss auf die Stofftransporteigenschaften hat.

Aufgrund der geringen Porengröße werden Zeolithe als Molekularsiebe bezeichnet. Sie ermöglichen es, Moleküle durch sterische Effekte zu trennen, indem sie nur den Eintritt von Molekülen mit einem ausreichend kleinen kinetischen Durchmesser erlauben.

Die Forschungen an metallorganischen Verbindungen, sogenannten Metall Organic Frameworks (MOFs), zielen dahin, Molekularsiebe gezielt herzustellen. Dabei sollen stabile Membranen entstehen, die den Molekularsiebeffekt der Zeolithe ausnutzen [8, 87]. Auch aus BEA-Zeolithen können Membranen hergestellt werden [36]. Untersuchungen mit derartigen Materialien könnten zu einem besseren Verständnis der Adsorption von Kohlenhydraten an BEA-Zeolithen beitragen. BEA-Zeolithe könnten auch als dünne Filme auf Silizium-Platten Anwendung finden [35]. Hierdurch sollen die Eigenschaften von Mikroprozessoren verbessert werden.

Neben der Porenstruktur der Zeolithe in den Primärkristallen, die durch Röntgenstrukturanalyse aufgeklärt wird, können weitere Meso- und Makroporen vorkommen. Um das Porenvolumen und die Porenradien zu untersuchen, gibt es verschiede Methoden: Die Quecksilberintrusion (Hg-Porosimetrie) bietet die Möglichkeit, die Porenradienverteilung nach Standardmethoden zu bestimmen [44]. Bei dieser Methode wird flüssiges Quecksilber unter hohem Druck in das Porensystem gepresst. Über die Annahme einer zylindrischen Pore kann aus der aufgenommenen Volumen-Druck-Kurve der Porendurchmesser bestimmt werden. Die Hg-Porosimetrie ist jedoch nur für die Bestimmung der Meso- und Makroporen geeignet.

Eine weitere Standardmethode zur Charakterisierung der Poren ist die Bestimmung der BET-Oberfläche [47]. Durch die Annahme der Ausbildung einer monomolekularen Bedeckung mit einem Inertgas kann die spezifische Oberfläche nach der Methode von Brunauer, Emmett und Teller [23] bestimmt werden. Hochsensible Geräte ermöglichen auch die Analyse der Mikroporenstruktur (Fa. Quantachrome).

Für die Bestimmung des Porenvolumens eignen sich zudem auch Größenausschlussmethoden. Dabei wird die Konzentration eines Moleküls in einer wässrigen Lösung vor und nach dem Kontakt mit dem Zeolithen bestimmt. Wenn das Molekül die Poren nicht penetrieren kann und nur Wasser adsorbiert wird, steigt die

Konzentration des Moleküls in der Lösung an. Daraus kann das Volumen des adsorbierten Wassers bestimmt werden [15, 56] (siehe 2.3.2 Gesamtsättigungsbeladung q_s). Mit der Annahme, dass die Poren dann vollständig mit Wasser gefüllt sind, wird die Gesamtsättigungsbeladung q_s bestimmt. q_s sollte für einen jeweiligen Zeolithtyp konstant sein und somit einen Vergleich von z.B. verschiedenen Modulen ermöglichen. Eine Aussage über das reale Porenvolumen lässt sich damit aber nicht herleiten, denn die Adsorption von Wasser hängt von den hydrophilen Eigenschaften der Zeolithporen ab.

2.4.2 Struktur des Zeolithen beta (BEA)

Der Zeolith beta, der gelegentlich auch als β-Zeolith bezeichnet wird, (Strukturtyp *BEA) wurde 1967 [157] synthetisiert, seine Strukturaufklärung gelang aber erst 1988 [115]. Dies liegt an seiner, im Gegensatz zu anderen Zeolithen, ungeordneten Struktur [5]. Der Stern * als Index der Strukturbezeichnung *BEA kennzeichnet diese Struktur als ungeordnet. In dieser Arbeit wird im Weiteren die Bezeichnung BEA verwendet.
Der BEA-Zeolith besteht aus zwei verschiedenen Tertitärstrukturen, polymorph A (tetragonal) und polymorph B (monoklin) [147]. Die Anordnung dieser Strukturen in den Primärkristallen ist willkürlich. Dadurch treten vermehrt Strukturfehler im Kristallgitter auf, wodurch sich die Tortuosität in den Poren erhöht [115]. Diese Fehlstellen sind zwar eine Ursache für die besonderen Säureeigenschaften von BEA-Zeolithen, aber gleichzeitig auch der Grund dafür, dass die Stellen für die Kationen in der BEA-Struktur noch nicht genau bekannt sind [92].
Die BEA-Struktur besitzt zwei verschieden große Porenöffnungen, die jeweils aus einem 12-Ring-System aufgebaut sind. Abbildung 2.5 zeigt diese Poren für die Struktur polymorph A.

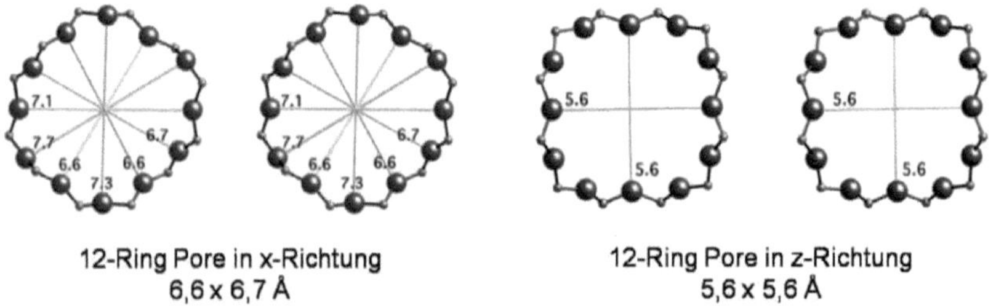

Abbildung 2.5: Porenstruktur der BEA-Zeolithe für polymorph A [5]

Diese beiden Kanalstrukturen sind in einem dreidimensionalen System angeordnet. Die größere Öffnung (6,6 x 6,7 Å) bildet dabei gerade Kanäle in Richtung der x- und y-Achse aus.

Abbildung 2.6 zeigt die Gerüststruktur von BEA polymorph A in Richtung der y-Achse. In dieser Darstellung sind die großen Poren (6,6 x 6,7 Å) sichtbar.

Die Kanäle der großen Poren in x- und y-Richtung besitzen in der idealisierten polymorph A Struktur keine Kreuzung miteinander. Die Kanäle mit der kleineren Öffnung (5,6 x 5,6 Å) verlaufen zick-zack-artig entlang der z-Achse und kreuzen dabei die größeren Kanäle entlang der x- und y-Achse. Abbildung 2.7 zeigt diese Struktur in einer schematischen Darstellung.

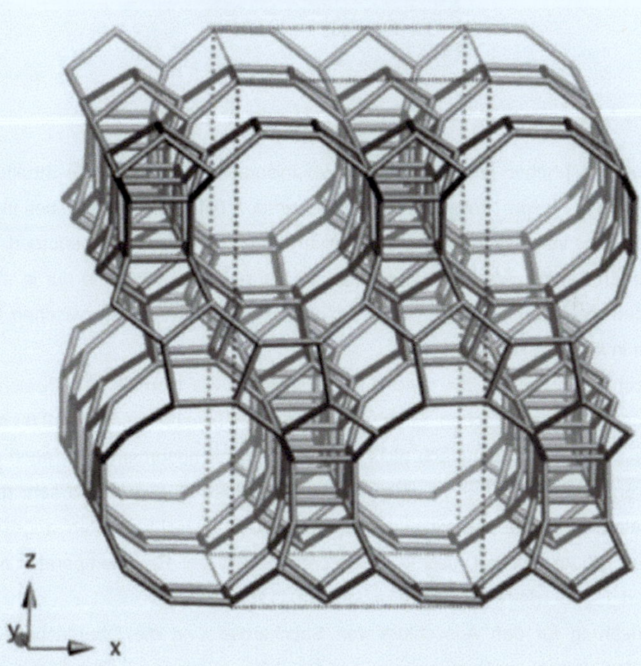

Abbildung 2.6: Gerüststruktur der BEA-Zeolithe für polymorph A [5]

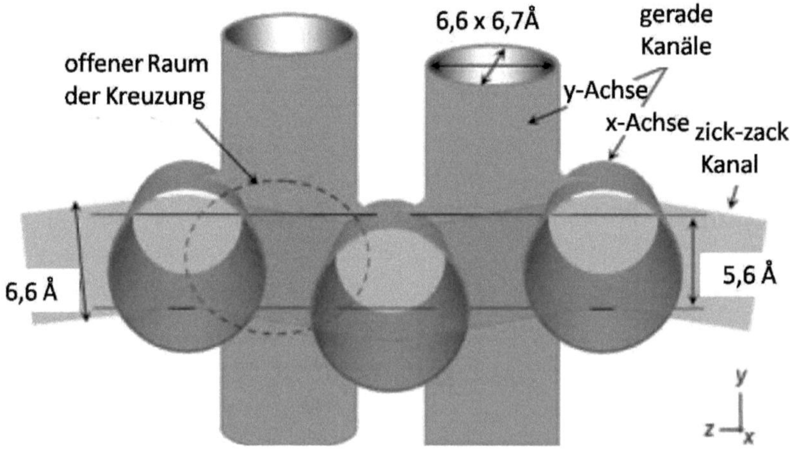

Abbildung 2.7: Schema einer 3-dimensionalen Struktur des BEA-Zeolithen [7]

Bárcia et al. [7] haben die Sorption von Hexanisomeren in dieser BEA-Struktur untersucht. Das lineare n-Hexan, kritischer Durchmesser d_c = 0,43 nm, kann dabei in alle Kanäle gelangen. Das verzweigte Isomer 2,2-Dimethylbutan (d_c = 0,62 nm) penetriert hingegen nur die geraden Kanäle. Als Konsequenz können die größeren Moleküle nur in einer Richtung durch den Zeolithen wandern, denn es besteht keine Kreuzung zwischen den geraden Kanälen in x- und y-Richtung.

Für Saccharose, welche das gleiche Molekülgewicht wie Isomaltose aufweist, wurde unter Annahme einer zylindrischen Struktur ein kritischer Durchmesser d_c = 0,88 nm berechnet [90]. Saccharose wird demnach nicht in BEA-Zeolithen adsorbiert, was auch experimentell von Berensmeier et al. [15] bestätigt wurde. Isomaltose hingegen wird sehr gut adsorbiert. Grundsätzlich darf die hier gezeigte Porenstruktur aber nicht als starr angesehen werden [34]. Das größte Molekül, das in BEA-Poren bereits bei Raumtemperatur nachgewiesen wurde, ist 1, 3, 5-Triethylbenzen (d_c = 0,92 nm) [115].

Eine Erklärung für den Ausschluss von Saccharose sind die Oberflächeneigenschaften. Neben dem kritischen Durchmesser der Moleküle spielt deren Oberfläche eine wichtige Rolle. Hydrophobe Oberflächen interagieren mit ionischen Gruppen im Zeolithen [26]. Ausserdem handelt es sich bei der Adsorption von Saccharose um eine Flüssigphasenadsorption. Die Saccharosemoleküle haben eine Hydrathülle, deren Art durch das pH-Milieu und durch die Ionenstärke bestimmt wird. Somit kann der reale kritische Durchmesser der Saccharose schwer abgeschätzt werden. Isomaltose hingegen ist flexibler. Das Molekül könnte die Hydrathülle leichter abstreifen. Die für die Adsorption entscheidenden Oberflächenanteile könnten sich gezielter an den entsprechenden Positionen in der Zeolithpore anordnen. Dadurch kann es zu einer verstärkten Interaktion zwischen Adsorptiv und Porenoberfläche kommen.

Zeolithe von der Struktur BEA wurden dazu genutzt, große organische Moleküle wie Anthrachinon zu synthetisieren [89]. Dabei lagert sich Anthrachinon zunächst an der äußeren Oberfläche an. Bei höheren Temperaturen (200 °C) tritt das Molekül in die BEA-Poren ein und interagiert dort mit den OH-Gruppen.

Die Adsorption in den Poren eines Zeolithen ist in der Gasphasenadsorption mit Hilfe der Interferenz- (IFM) und Infrarot-Mikroskopie (IRM) nachweisbar und ermöglicht die Messung von Sorptionskinetiken [91]. Für Flüssigphasenadsorptionen kann die Adsorption jedoch nur indirekt über die Konzentrationsmessung im Lösungsmittel bestimmt werden.

Neueste Forschungen zielen darauf ab, die BEA-Struktur mit anderen mesoporösen Materialien zu kombinieren [94] oder β-Zeolithe als Strukturschablone für porösen Kohlenstoff einzusetzen [161]. Die Möglichkeiten der gezielten Modifikation sind sehr umfangreich und bieten viele Ansätze, ein maßgeschneidertes Adsorbens oder einen Katalysator zu designen.

2.5 Herstellung von Isomaltose in einem Mehrphasenbioreaktionsadsorber

Der Mehrphasenbioreaktionsadsorber (MBRA) ist ein Wirbelbettreaktor, der oben und unten mit Sieben verschlossen ist, und so die Rückhaltung eines auf Perlen immobilisierten Biokatalysators ermöglicht. Die Maschenweite der Siebe ist so gewählt, dass das in der Substratlösung suspendierte feindisperse Adsorbens, ein spezifischer BEA-Zeolith (siehe Kap. 2.4), den Reaktor ungehindert durchströmen kann. Dieses Reaktorkonzept wurde fluiddynamisch untersucht [49] und zeigt das Verhalten eines idealen Rührkessels. Als Biokatalysator wurde eine kommerzielle Dextransucrase (DSRS) (Fa. CRITT, Toulouse, Frankreich) eingesetzt, die in Alginatperlen immobilisiert wurde [16]. Die Herstellung der Alginatperlen erfolgte durch das sogenannte JetCutter Verfahren (Fa. geniaLab®, Braunschweig, Deutschland). Dieses Verfahren ermöglicht die Herstellung sehr kleiner Perlen mit einem Durchmesser von ca. 0,5 mm. Die Enzymkonzentration wurde so gewählt, dass keine Diffusionslimitierung auftritt [15, 49]. Die produzierte Isomaltose kann so möglichst schnell ins Reaktionsmedium diffundieren und dort am BEA-Zeolithen adsorbiert werden.

Neben dieser Arbeit wurde in einem Parallelprojekt die Optimierung des Biokatalysators erforscht [50]. Dabei wurden verschiedene Ansätze untersucht. Durch ein rationales

Katalysatordesign wurde ein Biokatalysator entwickelt, der zwei Enzyme mit gegensätzlichen Funktionen auf einem Träger vereint [51]. Dieses Coimmobilisat könnte als Alternative im MBRA zur Produktion von Isomaltose eingesetzt werden. Der zweite Ansatz verfolgte eine Mutagenese potentieller Glucosyltransferasen, um eine Variante mit besseren Eigenschaften zu finden [71]. Die Variante der Glucosyltransferasen (GTFR) S628D wurde charakterisiert und im MBRA mit reaktionsintegrierter Adsorption eingesetzt [50].
Abbildung 2.8 zeigt die Enzymreaktion der Dextransucrase. Grundsätzlich funktioniert die Variante der Glucosyltransferasen (GTFR) S628D ähnlich, allerdings ist bei der GTFR die Bildung des Biopolymers Dextran stark unterdrückt.

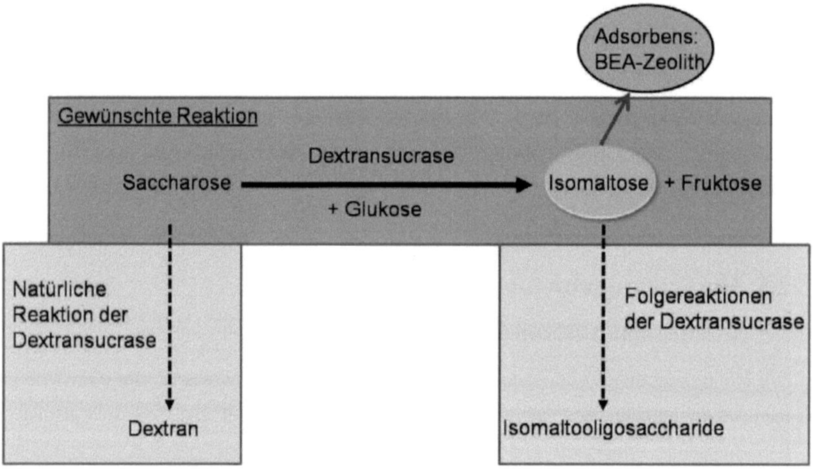

Abbildung 2.8: Enzymreaktion, gewünschte Reaktion zum Zielprodukt Isomaltose, natürliche und Folgereaktionen der Dextransucrase

Im Gegensatz zur DSRS benötigt die GTFR nur ein Viertel der Glukosekonzentration, um vergleichbare Mengen an Isomaltose zu erzielen. Die Selektivität der GTFR ist jedoch geringer, was die Produktion von weiteren Nebenprodukten begünstigt.
Auf weitere Enzyme, die zur Herstellung von Isomaltose genutzt werden, wurde bereits in Kapitel 2.2 hingewiesen. Grundsätzlich sollten diese Enzyme auch im MBRA einsetzbar sein. Ob und wie dabei jedoch die reaktionsintegrierte Adsorption mit BEA-Zeolithen beeinflusst bzw. unmöglich wird, muss im Einzelfall überprüft werden.

Die Tabelle 2.1 fasst die Bedingungen dieser beiden Enzymvarianten zusammen.

Tabelle 2.1: Herkunft und Eigenschaften der im MBRA eingesetzten Enzymvarianten

Enzym	Quelle / Hersteller	Glukose-konzentration	Eigenschaften
Dextransucrase (DSRS) aus *Leuconostoc mesenteroides NRRL B-512-F*	Fa. CRITT, Toulouse	500 $g \cdot L^{-1}$	- sehr selektiv für Isomaltose - hohe Glukosekonz. nötig, um Dextranbildung zu unterdrücken
Glucosyltransferase (GTFR) *aus Streptococcus oralis*	Sonderforschungs-bereich (SFB) 578 Teilprojekt A 3 [71]	120 $g \cdot L^{-1}$	- kaum Dextranbildung - niedrige Glukosekonz. - weniger selektiv - mehr Nebenprodukte

Zur Herstellung von Oligosacchariden wurden auch andere Reaktorkonzepte erforscht. Goulas et al. [63] verfolgten dabei ebenfalls eine Coimmobilisierung von Dextransucrase und Dextranase. Dabei wurde jedoch ein Membranreaktor eingesetzt, um die Enzyme zurückzuhalten und die Produktausschleusung der IMOs zu ermöglichen. Membranen wurden auch zur Produktion von Galactosyloligosacchariden untersucht [39]. Einen aktuellen Überblick über die Membrantechnologie zur Aufreinigung von Oligosacchariden gibt Pinelo et al. [122]. Grundsätzlich ermöglicht die Anwendung von herkömmlichen Membranen aber nicht die Trennung von Sacchariden gleichen Molekulargewichts. Hier liegt der wesentliche Vorteil des MBRA, der durch eine reaktionsintegrierte Adsorption einen ersten Aufreinigungsschritt in unmittelbarer Umgebung zum Produktionsort ermöglicht.

2.6 Diffusion in Zeolithen

Diffusion ist der Prozess, bei dem sich Materie durch zufällige Molekularbewegung von einem Platz in einem System zu einem anderen Platz bewegt [38]. Ist das System im Gleichgewicht, bezeichnet man die Molekularbewegung als Selbstdiffusion. Liegt hingegen ein Gradient als Triebkraft für die Teilchenbewegung vor, spricht man von Transportdiffusion. Dieser Teilchenfluss F der Transportdiffusion kann durch das erste Ficksche Gesetz beschrieben werden [139]:

$$F = -D\frac{\partial c}{\partial x} \qquad \text{Gl. 2.21}$$

Für stark verdünnte Lösungen kann der Diffusionskoeffizient D als konstant angesehen werden. Gleichung 2.21 beschreibt somit den Teilchenfluss F in Abhängigkeit eines Konzentrationsgradienten. c ist die Konzentration der diffundierenden Substanz und x die Ortskoordinate der Diffusionsrichtung.

Die Transportdiffusion erfolgt in Systemen, die sich nicht im Gleichgewicht befinden. Aus thermodynamischer Sicht wird dieser Stofffluss deshalb durch einen Gradienten des chemischen Potentials µ beschrieben [139]. Da diese Größe experimentell aber schlecht zugänglich ist, wird in dieser Arbeit der Konzentrationsgradient verwendet.

Weiter bewegen sich die Teilchen auch in y- und z-Richtung. Die zeitliche Änderung der Konzentration durch ein Volumenelement wird durch die folgende Gleichung ausgedrückt [38]:

$$\frac{\partial c}{\partial t} + \frac{\partial F_x}{\partial x} + \frac{\partial F_y}{\partial y} + \frac{\partial F_z}{\partial z} = 0 \qquad \textbf{Gl. 2.22}$$

Aus Gleichung 2.22 geht hervor, dass der in das Volumenelement eintretende Fluss genau so groß sein muss wie der austretende (Massenerhaltung). Aus der Kombination der Gleichungen 2.21 und 2.22 ergibt sich mit den Annahmen, dass der Diffusionskoeffizient D konstant ist und nur eine Konzentrationsdifferenz entlang der x-Achse besteht, das zweite Ficksche Gesetz [38]:

$$\frac{\partial c}{\partial t} = D\frac{\partial^2 c}{\partial x^2} \qquad \textbf{Gl. 2.23}$$

Das zweite Ficksche Gesetz beschreibt den Konzentrationsunterschied örtlich und zeitlich.

Der Diffusionskoeffizient D ist somit ein Maß für die Geschwindigkeit, mit der sich Teilchen bewegen. Diese Geschwindigkeit wird durch die Temperatur und durch die Anzahl der vorhandenen Teilchen beeinflusst. Wenn Teilchen zusammenstoßen, ändern sie ihre Richtung und/oder deren Geschwindigkeit.

In einem Adsorbens wie den Zeolithen kommt noch die weitere Möglichkeit der Kollision mit der Porenwand hinzu. Die Diffusion ist somit stark abhängig vom Porendurchmesser und der Geometrie der Pore. Im Mikroporenbereich (d_{Por} < 2 nm) kann der Diffusionskoeffizient im Größenbereich von 10^{-8} bis 10^{-20} $m^2 \cdot s^{-1}$ liegen [139].

Die Kinetik der Adsorption wird durch die folgenden Vorgänge beeinflusst:

1. Stofftransport in der fluiden Phase hin zum Adsorbens
2. Diffusion durch die laminare Grenzschicht am Adsorbens (äußerer Stoffübergang, Filmdiffusion)
3. Bewegung im Porensystem des Adsorbens (bei Zeolithen: interkristalline Diffusion)

Die Versuchsbedingungen werden häufig so gewählt, dass ideale Durchmischung vorliegt und der Stofftransport in der fluiden Phase sehr viel schneller ist als die Diffusion und folglich vernachlässigt werden kann [145]. In der Regel wird die Stofftransportkinetik durch den Transport in den Poren dominiert [142], so dass in dieser Arbeit auch der äußere Stoffübergang vernachlässigt wird. Diese Annahme wird gemacht, da es sich bei der Adsorption als auch bei der Desorption um Systeme im gut durchmischten Zustand (idealer Rührkessel) handelt.

Für die Flüssigphasenadsorption werden drei Mechanismen (freie Porendiffusion, Oberflächen- und interkristalline Diffusion) der Bewegung im Porensystem unterschieden. Die freie Porendiffusion hat dabei nur einen Einfluss, wenn Makroporen (d_{Por} > 50 nm) vorliegen, in denen der Porendurchmesser ein Vielfaches größer ist als der Moleküldurchmesser des Adsorptivs. Die Oberflächendiffusion ist der Transport, bei dem das Adsorptiv in der sorbierten Phase einen Platzwechsel vollzieht. Dazu muss es eine Energiebarriere überwinden. Im Bereich der monomolekularen Bedeckung kann die Oberflächendiffusion aufgrund von hohen Bindungskräften vernachlässigt werden [12].

Als interkristalline Diffusion wird der Bereich bezeichnet, bei dem die Durchmesser der Adsorptive im gleichen Größenbereich wie der Porendurchmesser des Adsorbens liegen [12]. Da Zeolithe nur geringe bis keine Meso- oder Makroporen enthalten, wird der Stofftransport hauptsächlich durch die interkristalline Diffusion bestimmt. Für Gasphasensysteme, in denen der genaue Beladungsverlauf im Adsorbenskorn durch Interferenz Mikroskopie (IFM) [91] ermittelt werden kann, gelingt eine Interpretation der Messergebnisse, die diese beiden Diffusionsarten unterscheiden kann [133]. Für Flüssigphasensysteme kann der relative Einfluss von Mikro- und Makroporendiffusion durch Experimente bestimmt werden. Hierzu wären verschiedene Variationen von Pellets nötig. Um den Einfluss der Makroporen zu untersuchen, müssen verschieden große Pelletdurchmesser bei gleicher Primärpartikelgröße vorliegen. Um den Einfluss der Mikroporen zu untersuchen, müssen gleiche Pelletdurchmesser mit verschiedenen Größen der Primärpartikel vorliegen. Da diese Bedingungen in dieser Arbeit nicht untersucht werden konnten, werden diese beiden Phänomene im Diffusionskoeffizienten D zusammengefasst.

Aus dem zweiten Fickschen Gesetz (Gl. 2.23) kann mit der Annahme, dass der Stofftransport durch Diffusion erfolgt und die Zeolithpartikel kugelförmig sind, die folgende Massenbilanz aufgestellt werden [139]:

$$\frac{\partial q}{\partial r} = D\left[\frac{\partial^2 q}{\partial r^2} + \frac{2}{r}\frac{\partial q}{\partial r}\right] \qquad \textbf{Gl. 2.24}$$

Dabei gilt: Beladung q des Adsorbens und Adsorbensradius r.

Für eine Änderung im System zum Zeitpunkt t = 0 s kann aus Gl. 2.24 nach Kärger und Ruthven [86] die folgende Gleichung abgeleitet werden:

$$\frac{q_t - q_0}{q_\infty - q_0} = 1 - \frac{6}{\pi^2}\sum_{n=1}^{\infty}\frac{1}{n^2} exp\left(-\frac{n^2\pi^2 Dt}{r^2}\right) \qquad \textbf{Gl. 2.25}$$

Durch die Vernachlässigung der Terme höherer Ordnung und die Annahme, dass die in das Adsorbens eindringende Konzentrationsfront noch nicht die Mitte des Partikels erreicht hat, kann diese Gleichung wie folgt vereinfacht werden:

$$M = \frac{q_t - q_0}{q_\infty - q_0} \approx 2\frac{A}{V}\sqrt{\frac{Dt}{\pi}} \qquad \textbf{Gl. 2.26}$$

M ist die aufgenommene oder abgegebene Menge an Adsorptiv. A/V beschreibt das Verhältnis der äußeren Oberfläche zum Partikelvolumen. Der Stofftransport ist somit nur von der Zugänglichkeit der äußeren Oberfläche abhängig [46]. Aus der Auftragung von M über der Wurzel t kann der Diffusionskoeffizient D aus der Anfangssteigung ermittelt werden. Diese als „Wurzel-Zeit-Gesetz" bezeichnete Methode [9] wurde bereits in den 1950 Jahren zur Bestimmung der Diffusion in Zeolithen verwendet. Dabei wird angenommen, dass das erste Ficksche Gesetz gültig ist und der Diffusionskoeffizient D eine Konstante ist und nicht von der Konzentration abhängt. Diese Annahme gilt nur für kurze Zeiten, da hier der Unterschied in der Konzentration noch nicht so ausgeprägt ist [6]. Nur dann ist die Eintrittsrate durch die äußere Oberfläche ein Maß für den intrapartikulären Stofftransport.

2.7 Fest-Flüssig-Trennung und Waschverfahren

Im Abschnitt 2.5 wurde die Funktionsweise des MBRA erläutert. Die reaktionsintegrierte Adsorption mittels Pulverzeolithe hat zwar Vorteile für die Produktion, bringt aber erheblichen Aufwand für die Aufarbeitung mit sich. Die Ursache liegt in den Eigenschaften der hochviskosen Reaktionslösung, in der die feindispersen Pulverzeolithe suspendiert sind. Zur Aufarbeitung der beladenen Zeolithe müssen diese von der Reaktionslösung abgetrennt und gewaschen werden.

Die Verfahren Waschung und Fest-Flüssig-Trennung (FFT) zählen zur mechanischen Verfahrenstechnik. Die genaue Charakterisierung des hier vorliegenden Systems ist sehr umfangreich und wird in dieser Arbeit nicht im Detail diskutiert. Da aber der Erfolg des Gesamtprozesses von diesen Verfahren beeinflusst wird, sollen einige Aspekte für eine Verfahrensgestaltung untersucht werden.

Zur Einordnung der verschiedenen, in einem Haufwerk vorliegenden, Flüssigkeiten eignen sich die folgenden Kategorien [10]:

- Innenflüssigkeit ist Zell-, Hydrat- oder Innenkapillarflüssigkeit, die sich mechanisch nur bei einer Zerkleinerung der Körner entfernen lässt. Diese tritt bei dem hier verwendeten Adsorbens BEA-Zeolith in größerem Maße auf und kann nicht mechanisch entfernt werden.

- Als Adsorptionsflüssigkeit bezeichnet man Fluidmoleküle, die aufgrund von Wechselwirkungen mit der Oberfläche interagieren. Gerade bei hygroskopischen Zeolithen kann die Adsorptionsflüssigkeit einen erheblichen Anteil ausmachen, der ebenfalls nicht mit mechanischen Methoden entfernt werden kann.

- Bei der Haft- bzw. Adhäsionsflüssigkeit handelt es sich um eine Fluidschicht, die sich über der Adsorptionsflüssigkeit anlagert. Sie kann bis zu einem bestimmten Teil mit mechanischen Methoden entfernt werden.

- Die Zwickelflüssigkeit befindet sich an den Berührungsstellen einzelner Partikel und steht mit der Haftflüssigkeit in Kontakt. Neben der Zwickelflüssigkeit bildet sich im Zwischenkornvolumen die Grobkapillarflüssigkeit aus. Zwickel- und Grobkapillarflüssigkeit können mit geeigneten mechanischen Verfahren vollständig entfernt werden.

Von der Vielzahl der verschiedenen Apparate zur FFT wurden in dieser Arbeit zwei unterschiedlich große Drucknutschen (Dead-End-Filtration) und eine Siebmantelzentrifuge verwendet. Drucknutschen nutzen zur FFT ein Gasdifferenzdruckfeld. Bei Zentrifugen wird das Differenzdruckfeld durch die Zentrifugalbeschleunigung erzeugt.
Nach der Einordnung von Hoffner et al. [74] werden Waschprozesse hinsichtlich der Transporteigenschaften von Feststoff- und Flüssigphase in sechs Klassen eingeordnet. Für diese Arbeit stellt die Kuchenwäsche (Klasse I), welche durch Verdrängung in einem Festbett realisiert wird, den Status zu Beginn dieser Arbeit nach den Untersuchungen von Ergezinger [49] dar. Alternativ wird dazu die Verdünungswäsche (Klasse VI) durch eine Vermischung der Einzelpartikel in einer unbeladenen Waschlösung untersucht.

Die Kuchenwäsche erfolgt direkt im Apparat der FFT. Dieses Verfahren ist einfach zu handhaben und hat die größte wirtschaftliche Bedeutung. Für feinkörnige Produkte, wie die hier vorliegenden Zeolithe, hat das Verfahren aber Nachteile. Durch einen großen spezifischen Durchströmungswiderstand kommt es zu sehr langen Waschzeiten [73]. Außerdem können durch inhomogen durchströmte Bereiche Verunreinigungen nicht vollständig entfernt werden. Bei der Verdünnungswaschung werden Verunreinigungen durch eine Waschflüssigkeit vermischt. In dieser Arbeit wird ein diskontinuierlich betriebener Rührkessel für die Verdünnungswaschung verwendet. Für die nachgeschaltete FFT wurden sowohl Nutschen als auch die Siebmantelzentrifuge verwendet.
Im Vergleich zur Kuchenwäsche hat die Verdünnungswäsche eine verringerte Effizienz in Bezug auf den spezifischen Waschflüssigkeitsaufwand. Durch den Mischvorgang werden aber zwischenpartikuläre Bereiche, die in der Kuchenwäsche nur durch Diffusion aufgereinigt werden können, freigelegt. Dies ermöglicht einen schnelleren Konzentrationsausgleich in innenporösen und oberflächennahen Bereichen [73]. Durch die Verdünnungswaschung können auch Verunreinigungen der Adsorptionsflüssigkeit entfernt werden. Im hier dargestellten System muss aber die Verdünnungswaschung selektiv erfolgen, denn neben den Verunreinigungen in der Adsorptionsflüssigkeit ist dort das Produkt Isomaltose vorhanden. Somit müssen geeignete Parameter gefunden werden, die eine vorzeitige Desorption durch Waschung minimieren oder verhindern.
Der Erfolg der Trenn- und Waschleistung wird auch durch die rheologischen Eigenschaften einer Suspension beeinflusst. In der Arbeit von Erk [52] wird gezeigt, dass besonders die feindispersen Suspensionen sehr genau untersucht werden müssen. Die Eigenschaften von oberflächenreichen Partikeln mit Mikrostrukturen ändern sich bei Variation von z.B. pH-Wert oder Ionenstärke viel stärker, als bei grobpartikulären Systemen. Im hier dargestellten Prozess könnte die FFT durch Variation von pH-Wert, Ionenstärke oder durch Zugabe von

Detergenzien verbessert werden. Voraussetzung dafür ist jedoch, dass durch diese Behandlung keine ungewollte vorzeitige Desorption des Zielprodukts eingeleitet wird.
Das Ziel der hier angestrebten FFT ist die weitestgehende Entfeuchtung des Zeolithen. Die Motivation dafür liegt in der Tatsache begründet, dass die im Zeolithhaufwerk enthaltene Restfeuchte Nebenprodukte und nicht umgesetzte Edukte enthält, die nicht ins Desorbat gelangen sollen. Um eine möglichst selektive Desorption des Produkts Isomaltose zu ermöglichen, soll dies jedoch ohne eine thermische Trocknung erreicht werden.
Für die Filtration der hier vorliegenden Zeolithe (d_p (50%) ≈ 25 µm) [15] können Kuchen-, Querstrom- oder Verstopfungsfiltrationen verwendet werden. Die Kuchenfiltration dient der Gewinnung von Feststoff und/oder Flüssigkeit und ist geeignet, die hier gestellte Zielsetzung in einfacher Verfahrens- und Betriebsweise zu erreichen. Querstromfiltrationen werden bevorzugt zur Aufkonzentrierung verwendet und die Verstopfungsfiltration dient der Erzeugung einer partikelfreien Flüssigkeit. Die Verstopfungsfiltration ist im vorliegenden Prozess für die zweite FFT zur Gewinnung des reinen Desorbats (vgl. Abb. 1.1) von Bedeutung. Grundsätzlich lassen sich Kuchen- oder Verstopfungsfiltration im gleichen Apparat, z.B. einer Dead-End-Filtration oder Nutsche, realisieren. Durch Wahl des Filtermediums kann die Porengröße und somit die Art, also Kuchen- bzw. Verstopfungsfiltration, eingestellt werden.

Zur Entfeuchtung von Filterkuchen können eine Vielzahl von treibenden Potentialen angewendet werden. Dabei unterscheidet man Verdichten oder Verdrängen. Zum Verdrängen kann z.B. ein Zentrifugalfeld, ein Gasdifferenzdruck oder ein Dampfdruck angelegt werden.
Anhand der Darcy-Gleichung kann gezeigt werden, dass sich die dynamische Fluidviskosität η_L und die Höhe des Haufwerks h_k negativ auf den abzutrennenden Volumenstrom $\frac{dV_L}{dt}$ auswirken, siehe Gl. 2.27

$$\frac{dV_L}{dt} = \frac{A_F \cdot \Delta p}{\eta_L \cdot R_C \cdot h_k} \qquad \textbf{Gl. 2.27}$$

Die Filterfläche A_F und der Durchströmungswiderstand R_c sind von der Gerätewahl bzw. dem Filtermedium und von der gegebenen Zielsetzung abhängig. Die verbleibende beeinflussende Größe ist die Druckdifferenz Δp, die letztendlich durch begrenzende Umgebungsbedingungen, wie z.B. erlaubter Maximaldruck oder verfügbare Druckdifferenz, limitiert wird.

Bei der Anwendung im Zentrifugalfeld (z.B. Siebmantelzentrifuge) lässt sich die Druckdifferenz Δp durch folgenden Zusammenhang beschreiben:

$$\Delta p = \frac{\rho_L}{2}(r_T^2 - r_0^2)\omega^2 \qquad \textbf{Gl. 2.28}$$

Dieser Zentrifugaldruck ergibt sich aus der Flüssigkeitssäule, die über dem Filterkuchen steht, und durch die Rotation nach außen gedrückt wird. Er ist von der Zentrifugengeometrie (r_T: Radius der Zentrifugentrommel, r_0: Radius von der Flüssigkeitshöhe bis zum Trommelmittelpunkt) und der Winkelgeschwindigkeit ω abhängig. Diese Größen sind durch Geräteeigenschaften limitiert. Die Dichte der Flüssigkeit ρ_L steht im Zähler und erhöht so mit steigenden Werten den Zentrifugaldruck. Im Zentrifugalfeld kompensiert die höhere Dichte der Zuckerlösung teilweise deren negativen Einfluss durch eine höhere Viskosität.

Bei inkompressiblen Kuchen kann im Zentrifugalfeld, im Gegensatz zur Druckfiltration, jedoch nur eine Entfeuchtung bis zum Gleichgewicht des Eintrittskapillardrucks mit dem Zentrifugaldruck erzielt werden. Die kapillare Steighöhe, die den Eintrittskapillardruck bestimmt, hängt vom hydrophilen Verhalten ab und nimmt mit abnehmender Partikelgröße stark zu. Als Folge verbleibt der Bereich des Filterkuchens in der Nähe des Filtermediums vollständig gesättigt. Somit ergibt sich bei einer Zentrifugation immer eine inhomogene Restfeuchteverteilung im Filterkuchen.

Bei der Gasdifferenzdruckfiltration ist es grundsätzlich möglich, eine homogene Verteilung der Restfeuchte zu erreichen. Allerdings ist der Gasverbrauch und die damit verbundene Verdichtungsarbeit die Größe, die die Wirtschaftlichkeit dieses Verfahrens maßgeblich bedingt.

3 Material und Methoden

3.1 Chemikalien

Sofern keine Besonderheit für eine Chemikalie erwähnt ist, wurden diese von den Herstellern Riedel-de-Haën, Roth, Fluka oder Sigma-Aldrich bezogen.

Die Tabelle 3.1 fasst die Besonderheiten der verwendeten Saccharide zusammen:

Tabelle 3.1: Besonderheiten verwendeter Saccharide, HPLC-Reinheit bezeichnet den Zuckeranteil am gemessenen Gesamtzucker.

Bezeichnung	Hersteller	Besonderheit	HPLC-Reinheit
Isomaltose Lyophilisat	Technische Chemie, Abteilung Technologie der Kohlenhydrate, TU Braunschweig	Verunreinigung durch das Disaccharid Palatinose 9%	91%
Isomaltose Desorbat	eigene Herstellung	Aufkonzentrierte Lösung nach Waschen und Desorption, enthält die Verunreinigungen Glukose und Fruktose	95%
Saccharose	Nordzucker	handelsüblicher Haushaltzucker, Raffinade	98%

3.2 Zeolithe

Pulverzeolithe

Als Pulverzeolithe werden technische Zeolithe vom Typ H-BEA der Firma Süd-Chemie bezeichnet. Diese Zeolithe wurden in den Modulen 25, 150 und 450 verwendet und entsprechend gekennzeichnet. Werden die Zeolithe nur als Pulverzeolithe bezeichnet, handelt es sich um BEA 150.

Extrudate

Als Extrudate werden Formkörper bezeichnet, die aus 50% (w/w) BEA 150 Pulverzeolithen und 50% (w/w) Aluminium-Phosphat-Sintermatrix bestehen. Die Herstellung dieser Extrudate erfolgte am Institut für Chemische Verfahrenstechnik, Karlsruher Institut für Technologie. Die Prozedur der Herstellung wurde von Freiding et al. [57] publiziert.

3.3 Enzymimmobilisierung und enzymatische Umsetzung

Die Enzyme DSRS und GTFR wurden in immobilisierter Form eingesetzt. Für die Herstellung wurde eine 3,5% (w/w) Natrium-Alginat Lösung (25 mM Natrium-Acetatpuffer, pH 5,4) angesetzt und über Nacht bei 4°C gelagert. Durch Zugabe von 8% (w/w) Quarzsand (Microsil) erhalten die späteren Perlen eine höhere Dichte ($\rho \sim 1{,}3\ kg \cdot L^{-1}$). Durch Zugabe der Enzymlösung (12,5% (v/v)) wird die Aktivität in Abhängigkeit von der Enzymkonzentration eingestellt. Idealerweise sollte in den Perlen eine Aktivität von $2\ U \cdot g^{-1}$ erzielt werden. Dieser Ansatz für die Immobilisierung wird gekühlt (4 °C) verrührt. Die Perlenherstellung erfolgte entweder nach dem Jet-Cutter®-Verfahren (für MBRA) oder mit einer Spritze für kleinere Mengen an Immobilisat. Die Natrium-Alginat-Suspension wird dabei in eine gerührte, eisgekühlte Aushärtelösung (200 mM Calcium-Chlorid) getropft. Die fertigen Perlen wurden in Calcium-Acetat-Puffer (25 mM, pH 5,4) im Kühlschrank gelagert. Um mikrobiellen Bewuchs zu vermeiden, wurden einige Tropfen Toluol und Natriumazid (Lösung, 10% (w/w)) hinzugegeben.

Für die GTFR wurde der Enzymlösung $0{,}2\ g \cdot L^{-1}$ Saccharose hinzugegeben, damit sich eine Dextrankette als Anker ausbilden kann.

Die Enzymaktivität wurde durch eine Umsetzungsreaktion von Saccharose (25 mM Calcium-Acetat-Puffer, pH 5,4, 30 °C, Saccharose $100\ g \cdot L^{-1}$) zu Fruktose bestimmt. Eine Unit (U) DSRS bzw. GTFR Aktivität entspricht dabei der Menge Enzym, die 1 µmol Fruktose pro Minute freisetzt.

Die enzymatische Produktion der Isomaltose erfolgte in Calcium-Acetatpuffer (25 mM, pH 5,4, 30 °C). Für DSRS wurden $50\ g \cdot L^{-1}$ Saccharose und $500\ g \cdot L^{-1}$ Glukose verwendet. Für GTFR wurden $80\ g \cdot L^{-1}$ Saccharose und $120\ g \cdot L^{-1}$ Glukose verwendet. Die Umsetzungsreaktion erfolgte für mindestens 24 Stunden. Die Enzymaktivität wurde durch Immobilisatmenge im Reaktionsansatz eingestellt und variierte von 0,4 bis $5\ U \cdot mL^{-1}$.

Die Zeolithzugabe erfolgte zu definierten Zeitpunkten.

3.4 Charakterisierung der Zeolithe

BET-Oberfläche

Die Bestimmung der, nach den Erfindern Brunauer, Emmett und Teller [23] benannten, BET-Oberfläche gehört zu den Standardmethoden zur Charakterisierung von porösen Materialien. Dabei wird ein inertes Gas (N_2, CO_2 oder Edelgase) verwendet und mit einer entsprechend behandelten Probe eines porösen Materials in Kontakt gebracht. Aus der Abnahme der Gaskonzentrationen wird, bei Annahme der Ausbildung einer monomolekularen Schicht, die spezifische Oberfläche der Probe ermittelt.

Da diese Methode stark von der Vorbehandlung der Probe abhängt, wird sie häufig unter normierten Bedingungen nach DIN ISO 9277 [45] durchgeführt. Unabhängig von einer vorangegangenen Behandlung wurden die Proben für zwei Stunden bei 300 °C ausgeheizt. Abweichungen sind in Tabelle 4.1 vermerkt. Die BET-Oberfläche kann über eine sogenannte Einpunktbestimmung oder über eine größeren Druckbereich mit einer vollständigen Isotherme bestimmt werden. Der erhaltene Wert für die Oberfläche dient häufig dem Vergleich verschiedener poröser Materialen untereinander. Eine Aussage über die Adsorbierbarkeit von Sacchariden an Zeolithen lässt sich mit dieser Methode nicht ableiten, da hier eine Vielzahl von anderen Wechselwirkungen eine Rolle spielen.
Die Messung der BET-Oberfläche erfolgte in einem Quantachrome NOVA 2000e Surface Area & Pore Size Analyzer (Quantachrome) mit einer statisch-volumetrischen Methode nach DIN ISO 9277 [45]. Die Proben wurden vor der Messung bei verschiedenen Temperaturen ausgeheizt und anschließend in die Messröhrchen eingewogen. Es erfolgte jeweils eine Doppelbestimmung durch eine Einpunktmessung in flüssigem Stickstoff. Die Auswertung erfolgte mit der Software Novawin Version 9.0.

Quecksilberintrusion

Die Untersuchung der Makroporenstruktur erfolgte nur für Extrudate. Dabei wurde die in DIN 66 133 [44] beschriebene standardisierte Methode durch Quecksilberintrusion angewendet. Die Messung wurde in einem Quantachrome Poremaster 60 (Quantachrome) durchgeführt. Die Proben wurden zuvor für vier Stunden bei 400 °C ausgeheizt. Bei der Quecksilberintrusion wird flüssiges Quecksilber unter Druck in das Porensystem der Probe gedrückt. Das Messgerät zeichnet dabei den Druck p und das verbrauchte Volumen V an Quecksilber auf. Aus diesen Messdaten kann unter Annahme einer zylindrischen Porenstruktur mit dem Zusammenhang von Washburn [156] ein Porenradius r_{Por} nach folgender Gleichung ermittelt werden:

$$p = \frac{2\sigma}{r_{Por}} \cos \upsilon \qquad \textbf{Gl. 3.1}$$

Für die hier verwendete Probe wurde für die Auswertung ein Kontaktwinkel des Quecksilbers $\upsilon = 140°$ und eine Oberflächenspannung $\sigma = 0{,}48\ N \cdot m^{-1}$ angenommen.

Zeta-Potential

In einer Suspension ist ein Partikel immer von Ionen umgeben. Nach außen erscheint dieses Partikel als elektrisch neutral. Es bilden sich verschiedene Schichten am Partikel aus. Direkt an der Oberfläche des Partikels bildet sich die sogenannte Helmholtz-Doppelschicht, die aus

festgebundenen Ionen besteht. Diese ist von einer diffusen, lockeren Schicht aus weiteren Ionen umgeben. Bewegt sich das Partikel, kann diese lockere Schicht abgeschert werden. Wenn dies geschieht, erscheint das Partikel nicht mehr elektrisch neutral, sondern besitzt an dieser Stelle ein elektrisches Potential, welches auch als Zeta-Potential bezeichnet wird.
Das Zeta-Potential wird in Abhängigkeit des pH-Wertes dargestellt. Für die Messung ist eine sehr niedrige Partikeldichte in einer wässrigen Lösung erforderlich. Die niedrigste im MBRA eingesetzte Zeolithkonzentration von 100 $g \cdot L^{-1}$ übersteigt diese, zur Messung des Zeta-Potentials nötige, Konzentration um mindestens zwei Größenordnungen. Eine Vorhersage des realen Verhaltens der Zeolithpartikel bei Produktionsbedingungen lässt sich somit nur schwer abschätzen, zumal die Messung in reinem Wasser erfolgte und nicht in Produktlösung.
Die Messung des Zeta-Potentials erfolgte mit dem Zetasizer Nano ZS (Malvern Instruments) durch eine Doppelbestimmung. Mittels Laser Doppler Velocimetrie wird dabei die elektrophoretische Mobilität dispergierter Partikel bestimmt. Dazu wird die Probe von Zeolithen in Wasser suspendiert. Die Konzentration der Zeolithpartikel betrug 1 und 10 $g \cdot L^{-1}$. Höhere Konzentrationen, wie sie für die Darstellung von realen Produktionsbedingungen nötig wären, können mit dieser Methode nicht analysiert werden, weil der Laserstrahl bei hohen Konzentrationen zu stark abgelenkt wird.
Die Messung erfolgt in einer U-Rohr-Kapillare, an deren Enden eine elektrische Spannung angelegt ist. Die Zeolithpartikel wandern entsprechend ihrer Ladung zum entgegengesetzt geladenen Pol und induzieren dabei ein Fluktuieren des Laserstrahls. Dieses Signal ist proportional der Wanderungsgeschwindigkeit der Partikel. Ein Streulichtdetektor empfängt dieses Signal, welches dann mit einem Wandler und einer Auswertesoftware in eine mittlere Wanderungsgeschwindigkeit umgerechnet wird. Bei dieser Methode wurde das Zeta-Potential nach Smoluchowski [114] aus der Wanderungsgeschwindigkeit bestimmt. Um den Verlauf des Zeta-Potentials in Abhängigkeit des pH-Wertes zu bestimmen, wurde mittels automatischer Titration (Malvern Autotitrator MPT-2) durch Dosierung von 0,25 molarer Salzsäure bzw. Natronlauge der pH-Wert eingestellt.

3.5 Vorbehandlung der Zeolithe

Die Zeolithe vom Typ BEA (Süd-Chemie) liegen produktionsbedingt in protonierter Form (H-Form, H-BEA) vor und werden für einen Einsatz im enzymatischen Milieu mit Natriumchlorid (NaCl) behandelt. Bei sehr hohen Zeolithkonzentrationen würde es sonst zur Versauerung der Produktlösung kommen. Für den Einsatz im MBRA könnte dies zu Enzymschädigungen führen. Durch den Kationenaustausch kann dieses Problem umgangen werden. Gleichzeitig können so weitere produktionsbedingte Rückstände aus den Zeolithen ausgewaschen werden.

Für die Konditionierung werden die Zeolithe in einer Konzentration von 100 $g \cdot L^{-1}$ in 0,2 M NaCl-Lösung für eine Stunde bei ca. 70 °C suspendiert. Die Einstellung des pH-Wertes auf 5,4 erfolgt dabei durch Zugabe von NaOH. Diese Titration wird so oft durchgeführt, bis der gewünschte pH-Wert stabil ist. Anschließend werden die Zeolithe durch eine geeignete Fest-Flüssig-Trennung aus der NaCl-Lösung entfernt und mit deionisiertem Wasser gewaschen, um Chloridionen zu entfernen. Nach einer erneuten Fest-Flüssig-Trennung zum Entfernen der Waschlösung werden die Zeolithe bei 80 °C über Nacht in einem Trockenschrank gelagert. Die abschließende Aktivierung der Zeolithe erfolgt für vier Stunden bei 400 °C in einem Glühofen.

Ist für den Einsatz im MBRA eine bestimmte Partikelgröße der Pulverzeolithe gewünscht, erfolgt nach der Aktivierung noch eine Siebung auf die gewünschte Größe, im hier beschriebenen Fall durch eine Maschenweite von 0,25 mm. Die Lagerung der Zeolithe erfolgt dunkel und trocken in einem Kunststofffass.

3.6 Adsorptionsuntersuchungen

Grundsätzlich können Adsorptionsuntersuchungen in verschiedenen Gefäßen und Größenansätzen durchgeführt werden. Für die Bestimmung der Saccharidkonzentration mittels HPLC-Analyse ist jedoch bei der hier gewählten Methode ein Flüssigkeitsvolumen von ca. 1 mL nötig. Die kleinstmöglichen Ansätze wurden deshalb in 2 mL Eppendorf-Tubes durchgeführt. Dazu wurden 400 mg Adsorbens eingewogen und in zwei Schritten jeweils 1 mL Messlösung hinzupipettiert. Vor der Zugabe des zweiten Milliliters wurde das Adsorbens durch Schütteln suspendiert. Das hierdurch erreichte Verhältnis von Messlösung zu Adsorbens (V_L/m_{Ad} = 5 $mL \cdot g^{-1}$) entspricht einer Zeolithkonzentration von 200 $g \cdot L^{-1}$.

Bestimmung der Gesamtsättigungsbeladung q_s

Zur Bestimmung der Gesamtsättigungsbeladung q_s wurde das Verhältnis m_{Ad}/V_L variiert (1,5; 2; 3; 4; 5 und 7 $mL \cdot g^{-1}$) und die Zeolithe bzw. Extrudate in einer Saccharoselösung (10 $g \cdot L^{-1}$, 25 mM Ca-Acetat, pH = 5,4 bei 30 °C) suspendiert. Die gemessenen Konzentrationen c_i und c_e werden als Verhältnis c_i/c_e über m_{Ad}/V_L aufgetragen. Aus der Steigung einer Regressionsgeraden ergibt sich die Gesamtsättigungsbeladung q_s. Abbildung 3.1 zeigt diese Vorgehensweise exemplarisch am Beispiel der Extrudate.

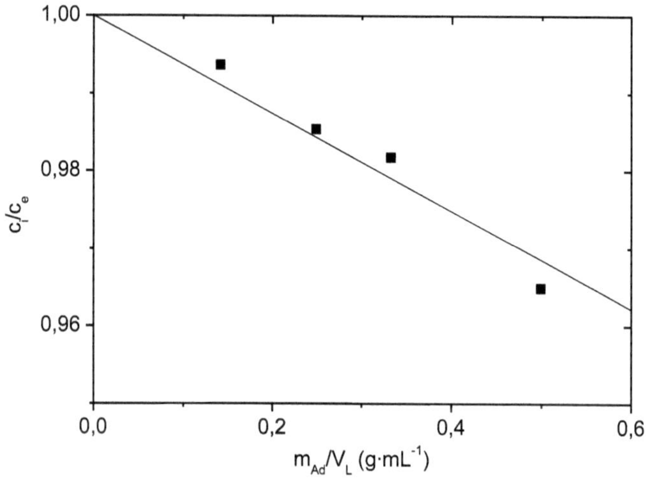

Abbildung 3.1: Bestimmung der Gesamtsättigungsbeladung q_s für Extrudate durch Variation des Adsorbens-Solvent-Verhältnis m_{Ad}/V_L bei einer Saccharosekonzentration $c_i = 10$ g·L^{-1}

Tabelle 3.2 fasst die bestimmten Gesamtsättigungsbeladungen q_s der verwendeten Zeolithe zusammen.

Tabelle 3.2: Vergleich der Gesamtsättigungsbeladung der verwendeten Zeolithe

Zeolithtyp	q_s [mg·g^{-1}]
Extrudate	63
BEA 25	92
BEA 150	104
BEA 450	105

Bestimmung von Adsorptionsisothermen und –kinetiken

Der Einfluss des Solvent-Adsorbens-Verhältnis auf die Arbeitsgerade wurde in Abschnitt 2.3.1 in Abbildung 2.3 dargestellt. Daraus geht hervor, dass es verschiedene Möglichkeiten gibt, die Punkte einer Isotherme zu bestimmen. Zum einen kann bei einem konstanten Solvent-Adsorbens-Verhältnis die Startkonzentration c_i variiert werden, zum anderen kann bei einer konstanten Startkonzentration c_i das Solvent-Adsorbens-Verhältnis verändert werden, um so verschiedene Punkte auf der Isotherme zu erreichen.

In dieser Arbeit wurden Isothermen und Sorptionskinetiken mit einem konstanten Solvent-Adsorbens-Verhältnis von $V_L/m_{Ad} = 5\ mL \cdot g^{-1}$ bestimmt. Diese Methode hat den Vorteil, dass die Strömungs- und Durchmischungsverhältnisse nicht durch eine Variation der Adsorbenskonzentration verändert werden. Die Bestimmung der Gesamtsättigungsbeladung q_s erfolgte durch Variation des Solvent-Adsorbens-Verhältnis.

Weiter zeigt Abbildung 2.3, dass die Zeolithkonzentration im System die Beladung des Adsorbens verändert. Bei niedrigeren Adsorbenskonzentrationen ($200\ g \cdot L^{-1}$) sind die Zeolithe im Mittel höher beladen als bei hohen Konzentrationen ($400\ g \cdot L^{-1}$). In der Summe lässt sich durch eine hohe Adsorbenskonzentration dafür mehr Adsorptiv aus dem Solvent entfernen ($c_{e,400\ g \cdot L-1} < c_{e,200\ g \cdot L-1}$).

Die Messlösungen für Adsorptionsisothermen wurden in 25 mM Calcium-Acetat-Puffer (pH 5,4) angesetzt. Dabei wurde, ausgehend von einer Stammlösung mit sehr hoher Saccharidkonzentration, eine Verdünnungsreihe hergestellt. Die Inkubation bis zur Gleichgewichtseinstellung erfolgte in temperierten Räumen (4 °C und 30 °C) auf einem Labor-Rotator Model-28 (MBT-Brand) bzw. bei 50 °C in einem HeizThermoMixer HTMR-131 (HLC). Nach 24 Stunden wurden die Ansätze durch Zentrifugation für zehn Minuten bei 16100 x g (miniSpin, Eppendorf) in Überstand und Pellet getrennt. Der Überstand wurde wenn nötig verdünnt und für die HPLC-Analyse vorbereitet.

Für die Adsorptionskinetiken wurde eine konstante Startkonzentration gewählt und die Adsorption zu den entsprechenden Zeitpunkten durch Zentrifugation beendet.

Für Extrudate wurde bei der Einwaage des Adsorbens die genaue Menge notiert und dann entsprechend dem konstanten Solvent-Adsorbens-Verhältnis ($V_L/m_{Ad} = 5\ mL \cdot g^{-1}$) die nötige Menge an Messlösung zugegeben. Für die Abnahme der klaren Messlösung war im Falle der Extrudate keine Zentrifugation nötig.

Einfluss der Lagerdauer in Pufferlösung auf die Beladung der Zeolithen mit Isomaltose

Für diese Bestimmung wurden 400 mg Adsorbens eingewogen und für definierte Zeitintervalle in 1 mL Puffer auf einem Labor-Rotator resuspendiert. Dann wurde 1 mL der Messlösung (25 mM Calcium-Acetat-Puffer, pH 5,4) mit einer Isomaltosekonzentration von $30\ g \cdot L^{-1}$ hinzugegeben. Nach 24 Stunden Inkubation bei 30 °C wurde die Konzentration mittels HPLC-Analyse bestimmt.

3.7 Fest-Flüssig-Trennung

Für die systematische Untersuchung der Aufarbeitung wurde neben zwei verschieden großen Druckfiltern (200 mL und 2,1 L, Sartorius) eine Siebmantelzentrifuge Sieva-2 (Hermle Labortechnik) verwendet.
Für die in Kapitel 4.4 gezeigten Aufarbeitungsversuche wurde die Siebmantelzentrifuge verwendet, weil die Filtration in den Druckfiltern pro Waschschritt mehr als einen Tag in Anspruch nahm.
Für die in Abschnitt 3.10 beschriebene Wiederverwendung der Zeolithe erfolgte die Fest-Flüssig-Trennung aufgrund der geringen Zeolithmenge im 200 mL Druckfilter. Der Aufreinigungsverlauf wurde mit dem aus der Siebmantelzentrifuge verglichen. Es wurde kein signifikanter Unterschied im Aufreinigungserfolg beobachtet.
Für die Entfernung der Produktlösung bzw. der Waschlösungen wurden in der Druckfiltration Rotband (589/5) Filterpapiere (Rückhaltevermögen ≈ 10 µm, Schleicher & Schuell) eingesetzt. Die Abtrennung von Desorbat wurde mit Blauband (589/3) Filterpapier (Rückhaltevermögen ≈ 2 µm, Schleicher & Schuell) durchgeführt. Im Falle der Waschlösungen kann ein geringer Verlust an Zeolithen durch Trüblauf akzeptiert werden. Die Abtrennung des Desorbates wurde nur in Druckfiltrationseinheiten durchgeführt. Die Siebmantelzentrifuge ermöglicht keine Herstellung einer klaren Filtratlösung, weil aufgrund von Filternähten immer kleine Durchlässe an Zeolith auftraten. Dies ist bedingt durch die Eigenbauherstellung des Filtermittels. In der Siebmantelzentrifuge dient ein Köpertressengewebe (Nominale Filterfeinheit 2 µm, Spörl) als erstes Filtermittel. Zwischen diesem Metallgewebe und dem Siebmantelrotor wurde zur Erhöhung der Rückhaltung eine Schicht aus Blauband (589/3) Filterpapier (Schleicher & Schuell) eingefügt.
Für die Druckfiltration wurde ein Überdruck von bis zu vier bar angelegt. Die Abtrennung in der Siebmantelzentrifuge erfolgte durch Einfüllen der Produktsuspension bei 1000 upm, bis die Siebtrommel vollständig gefüllt war. Dann wurde die Drehzahl in Schritten von 1000 upm für jeweils eine Minute erhöht. Nach fünf Minuten und 5000 upm wurde dann fünf Minuten die maximale Drehzahl von 10000 upm (7826 x g) eingestellt und die Zentrifuge anschließend mittels Bremsen gestoppt. Für die Wäsche wurde der Filterkuchen mit einem Spatel aus dem Siebmantel heraus geschält.

3.8 Waschbedingungen

Die von Enzymperlen befreite Produktsuspension wurde mit der Siebmantelzentrifuge einer Fest-Flüssig-Trennung unterzogen. Die beladenen Zeolithe wurden in dem Siebmantel zurückgehalten. Der so erhaltene Filterkuchen wurde mit der 2,5 fachen Masse voll entsalztem (VE) Wasser bei 4 °C, RT bzw. 70 °C für fünf Minuten bzw. eine Stunde resuspendiert, gerührt und anschließend wieder einer Fest-Flüssig-Trennung unterzogen. Von den so entstandenen Filterkuchen wurde jeweils eine Probe (10 g) genommen und in ein Schottglas überführt. Diese Proben wurden bei 70 °C im Ölbad für drei Tage mit 25 mL VE-Wasser desorbiert. Die Konzentrationen dieser Desorptionslösungen wurden mittels HPLC bestimmt.

3.9 Desorption

Die Untersuchung der Desorption erfolgte in Form von Freisetzungskinetiken. Dabei wurde eine bestimmte Menge beladenes Adsorbens in einem Rührkessel mit einem bestimmten Eluentenvolumen resuspendiert. Zur Konzentrationsbestimmung wurden dieser Suspension Proben entnommen und durch Zentrifugation für zehn Minuten bei 16100 x g (miniSpin, Eppendorf) in Messlösung und Pellet getrennt.

Für eine sinnvolle Auswertung musste zunächst ein geeignetes Eluent-Adsorbens-Verhältnis ermittelt werden. Um eine möglichst große Triebkraft für die Desorption zu erzeugen, sollte dieses möglichst groß gewählt werden. Da aber die Nachweisgrenze der HPLC-Methode bei einer Saccharidkonzentration von ca. $1\ g{\cdot}L^{-1}$ liegt und eine Aufkonzentrierung jeder einzelnen Probe zu aufwändig ist, wurde mit einem Eluent-Adsorbens-Verhältnis von $4\ mL{\cdot}g^{-1}$, bzw. $2{,}5\ mL{\cdot}g^{-1}$ gearbeitet.

Als Reaktionsgefäße kamen je nach Ansatz verschieden große Laborflaschen (Duran®, Schott-IDL) mit gasdichtem Schraubverschluss (Premium-Verschluss, Schott-IDL) zum Einsatz.

Für die Temperierung wurden entweder ein Kühlraum (4 °C) oder ein Ölheizbad verwendet. Die Durchmischung erfolgte auf einem Magnet-Heiz-Rührer IKA-Mag RCT basic (IKA), mit einem dem Gefäß entsprechend großen Magnetrührkern. Dabei wurde durch die Drehzahl sichergestellt, dass sich eine ausreichend sichtbare Trombe bildete.

Als Eluenten wurden verschiedene Lösungen aus Ethanol/Wassergemischen (v/v = 5, 10 und 50%) sowie reines VE-Wasser untersucht. Die Ethanollösungen wurden mit reinem Ethanol ohne Vergällungsmittel angesetzt.

3.10 Wiederverwendung der Zeolithe

Um die Wiederverwendung der Zeolithe zu untersuchen, musste eine entsprechende Methode etabliert werden. Desorbierte Zeolithe wurden dazu nach verschiedenen

Behandlungen wieder gemäß der im Abschnitt 3.6 beschriebenen Vorgehensweise erneut zur Adsorption eingesetzt.

Nach vollständiger Desorption erfolgte dabei eine wie in Abschnitt 3.5 beschriebene vollständige Konditionierung, eine Trocknung und Aktivierung ohne Natriumchlorid-behandlung, oder nur eine Trocknung. Für diese Versuche wurde die Konditionierung für fabrikneue Zeolithe verwendet (Tab. 3.1).

Für Zeolithe, die mehr als einmal wiederverwendet wurden, wurde die modifizierte Konditionierung für benutzte Zeolithe angewendet. Die weitere Behandlung verlief analog der in Abschnitt 3.4 beschriebenen vollständigen Konditionierung. Zum Vergleich sind die Parameter der verschiedenen Konditionierungen in Tabelle 3.2 dargestellt.

Tabelle 3.2: Parameter der Konditionierung von Zeolithen

Methode	NaCl	Temperatur	Dauer	Wiederholungen
Konditionierung für fabrikneue Zeolithe	0,2 M	70 °C	1 h	bis pH 5,4 stabil bleibt
Modifizierte Konditionierung für benutzte Zeolithe	1 M	105 °C	4 h	3

Um den Einfluss der Alterung der Zeolithe einschätzen zu können, wurde mit ca. 20 g Zeolith insgesamt vier vollständige Adsorptions-Wasch-Desorptions-Zyklen durchlaufen. Dabei fand die Adsorption unter den in Abschnitt 3.6 beschriebenen Bedingungen statt. Die Fest-Flüssig-Trennung wurde wie in Abschnitt 3.7 im kleinen 200 mL Druckfilter durchgeführt. Wäsche und Desorption wurden analog der Beschreibungen in Abschnitt 3.8 und 3.9 durchgeführt. Die Konditionierung erfolgte bei 1 M NaCl, vier Stunden Resuspendierung bei 105 °C und dreimaliger Wiederholung dieser Prozedur (Modifizierte Konditionierung).

3.11 HPLC-Analyse

Für die High-Pressure-Liquid-Chromatography (HPLC) Analyse der Kohlenhydratlösungen wurde eine analytische Säule (YMC-Pack Polyamine II, S-5µm, 12nm, Dimension 150 x 4.6 mm I.D.), (YMC Co., Ltd., Japan) verwendet. Um die Lebensdauer der Säule zu erhöhen, wurden die entsprechenden Vorsäulen verwendet und nach ca. 200 Proben ausgewechselt. Als Laufmittel wurde ein Gemisch aus 75% (v/v) Acetonitril und bi-dest. Wasser 25% (v/v) mit einem ZAPCAP®-CR Flaschenfilter (Whatman, Schleicher & Schuell) filtriert. Die Flussrate betrug 1 mL·min^{-1}. Als Hochdruckpumpe wurde eine SDS 9494 HPLC-Pumpe (SFD) verwendet. Die Säule wurde mit einem Ofen (Modell K-5, TECHLAB) auf 30 °C temperiert. Es wurde ein Autosampler (Typ Spark Holland) verwendet. Die Messung erfolgte mit einem Brechnungsindex-Detektor (Shodex RI-101) bei ebenfalls 30 °C. Die Auswertung erfolgte computergestützt mit Hilfe der Software Andromeda, Version 1.7 (DataApex Ltd.).

Grundsätzlich wurden alle HPLC-Proben mit einer Zentrifugation (zehn Minuten bei 16100 x g) von Feststoffen befreit und mittels Filtration (0,22 µm GSWP, Nitrocellulose Membran, Milipore) filtriert. Als Probenschleife wurde eine 20 µL Stahlkapillare verwendet.

Da sich zu hohe Kohlenhydratkonzentrationen schädigend auf die Trennsäule auswirken, wurden alle zu vermessenden Proben so verdünnt, dass die zu messende Saccharidkonzentration zwischen 1 und 50 g·L^{-1} lag.

4 Slurryanwendung der Zeolithe

In diesem Kapitel wird die Slurryanwendung von pulverförmigen BEA-Zeolithen zur reaktionsintegrierten Adsorption während einer enzymatischen Umsetzung beschrieben. Die Zeolithe liegen somit in unmittelbarer Umgebung zum Biokatalysator vor und müssen deshalb eine spezielle Behandlung erfahren, um die optimalen Produktionsbedingungen des Enzyms nicht zu stören. Diese Konditionierung (Kap. 3.5) der Zeolithe umfasst einen Kationenaustausch in NaCl-Lösung und eine Anpassung des pH-Wertes auf 5,4, dem pH-Optimum der enzymatischen Umsetzung. Dies ist erforderlich, da die BEA-Zeolithe produktionsbedingt in wässrigen Lösungen als Protonendonatoren fungieren und so zu einer Versauerung der Reaktionslösung beitragen. Desweiteren findet die Adsorption bei einer Temperatur von 30 °C statt, was dem Temperaturoptimum des Enzyms entspricht. Für die Adsorption hingegen könnten tiefere Temperaturen einen günstigeren Effekt haben, was bei dieser Slurryanwendung nicht genutzt werden kann.

Als Prozessalternative wird in Kapitel 5 eine Adsorption im Festbett untersucht. Dies ist möglich, da die enzymatische Reaktion die Geschwindigkeit bestimmt und die verwendeten Reaktoren ideale Rührkesselcharakteristik besitzen. Durch diese Auslagerung der Adsorption in ein separates Kompartiment entstehen neue Möglichkeiten, aber auch neue Anforderungen, die untersucht werden müssen.

4.1 BET-Oberfläche und Zeta-Potential von Zeolith BEA 150

BET-Oberfläche

Tabelle 4.1 zeigt die BET-Oberflächen für verschieden behandelte Pulverzeolithe vom Typ BEA 150.

Tabelle 4.1: Zusammenfassung der BET-Oberflächen für Zeolithe BEA 150

Probe	BET-Oberfläche [$m^2 \cdot g^{-1}$]
Herstellerangabe (Süd-Chemie)	638
fabrikneu	512
fabrikneu (200°C ausgeheizt)	560
neu & konditioniert (unbenutzt)	424
Na^+-Reaktivierung (benutzt)	398
ohne Na^+-Reaktivierung (benutzt)	437
beladene Zeolithe (70 °C ausgeheizt)	283

Aus den Daten lässt sich kein einheitlicher Trend ableiten. Der Hersteller gibt laut zertifizierter Analyse einen Wert von 638 $m^2 \cdot g^{-1}$ an. Die eigenen Messungen an fabrikneuen Zeolithen erreichen mit 512 bzw. 560 $m^2 \cdot g^{-1}$ diesen Wert nicht. Neue Zeolithe, die konditioniert wurden, weisen mit 424 $m^2 \cdot g^{-1}$ eine deutlich geringere Oberfläche auf. Dieser Effekt kann durch den Kationenaustausch mit 0,2 M NaCl entstehen.

Beladene Zeolithe, die aus Gründen des Produktschutzes nur auf 70 °C ausgeheizt wurden, weisen mit 283 $m^2 \cdot g^{-1}$ erwartungsgemäß die niedrigste BET-Oberfläche auf. Hier können die Stickstoffmoleküle aufgrund von adsorbierten Sacchariden und noch vorhandener Pufferlösung die Oberfläche des Zeolithen nicht in der gleichen Weise besetzen wie bei z.B. fabrikneuen Proben.

Die neu & konditionierten Zeolithen, wie auch die mit und ohne Na^+-Reaktivierung liegen im gleichen Größenbereich. Wie später noch gezeigt wird, hat die Na^+-Reaktivierung eine entscheidende Bedeutung auf die Wiederverwendbarkeit der Zeolithe. Proben „ohne Na^+-Reaktivierung" zeigten zwar im Vergleich zu den beiden anderen Proben die höchste BET-Oberfläche, dies führt aber nicht dazu, dass diese Zeolithe am besten Isomaltose adsorbieren. Im Gegenteil, ohne Na^+-Reaktivierung verlieren die Zeolithe bei einem erneuten Einsatz als Adsorbens deutlich an Kapazität (vgl. Kap. 4.6.1). Na^+-Ionen ersetzen bei der Konditionierung die herstellungsbedingten Protonen, welche als Gegenionen die freie Valenz am Aluminiumzentrum besetzen. Da ein Na^+-Ion deutlich größer ist als ein einzelnes Proton, verwundert es nicht, dass die BET-Oberfläche an fabrikneuen Zeolithen größer ist als in konditionierten Zeolithen.

Zeta-Potential

Abbildung 4.1 zeigt das Zeta-Potential für fabrikneue und für konditionierte Zeolithe als Funktion des pH-Wertes. Die mit NaCl behandelten konditionierten Zeolithe besitzen ein negativeres Potential als fabrikneue Zeolithe. Während sich für fabrikneue Zeolithe im gemessenen pH-Bereich eine kontinuierliche Abnahme des Zeta-Potentials zeigt, besitzt der gemittelte Verlauf für konditionierte Zeolithe ein Minimum bei pH 7.

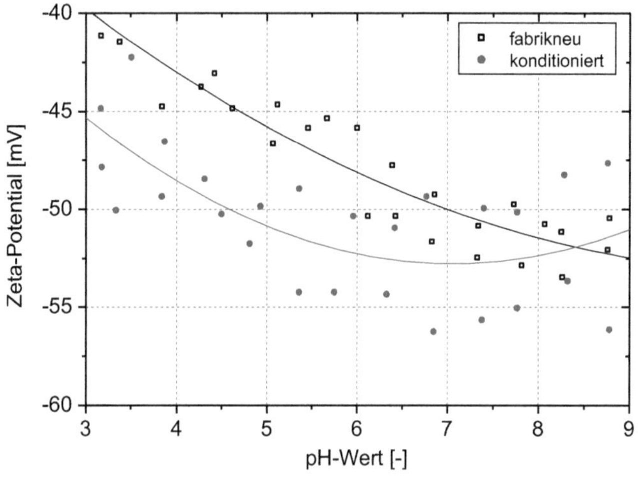

Abbildung 4.1: Zeta-Potential von fabrikneuen und konditionierten BEA 150 Zeolithen, Zeolithkonzentration 1 g·L^{-1}

Die Produktionsbedingungen geben den pH-Wert von 5,4 als Optimum der enzymatischen Umsetzung vor. Bei diesem pH-Wert weisen konditionierte Zeolithe im Mittel ein Zeta-Potential von -51 mV auf, fabrikneue Zeolithe hingegen nur -47 mV. Je kleiner der Betrag des Zeta-Potentials, desto geringer ist die Neigung zur Agglomeration der Partikel. Das Gerät zur Messung des Zeta-Potentials erlaubt auch eine Bestimmung der Partikelgröße. Bei einem pH-Wert von 5,4 waren fabrikneue Zeolithe im Durchmesser 2,7 µm groß, konditionierte hingegen nur 1 µm. Im Vergleich zu der von Berensmeier et al. [15] mittels Laserbeugung bestimmten Partikelgröße von d_P (50%) ≈ 25 µm, zeigt sich hier ein deutlicher Unterschied. Elektronenmikroskopische Untersuchungen zeigten, dass konditionierte Zeolithe im trockenen Zustand eher größere Agglomerate (~ 30 µm) formen (siehe Abb 4.2). Letztendlich ließ sich die reale Partikelgröße unter Produktionsbedingungen (Zeolithkonzentration = 100 g·L^{-1} und mehr) nicht ermitteln.

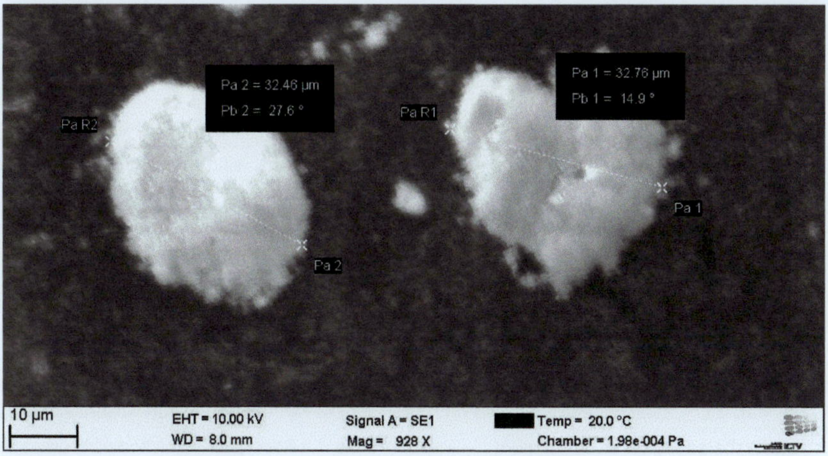

Abbildung 4.2: SEM-Abbildung von konditionierten BEA-Pulverzeolithen

4.2 Adsorptionseigenschaften von BEA-Pulverzeolithen

Neben den Adsorptionseigenschaften sind die Waschbedingungen, die Desorption sowie die Wiederverwendbarkeit des Adsorbens für die erfolgreiche Prozessauslegung entscheidend. Diese Kriterien sollten schon bei der Auswahl eines geeigneten Adsorbens Beachtung finden. Zunächst wird hier die Adsorption und die Vorgehensweise bei der Auswahl des Adsorbens erläutert.

Berensmeier [14] und Ergezinger [49] untersuchten Adsorptionsisothermen von BEA 150 (Si/Al = 75), die in einem einfachen Screening zuvor vorteilhafte Eigenschaften für die Produktion von Isomaltose zeigten. Bei diesem Screening wurde der Adsorptionsexzess q_i^{Ex} von verschiedenen BEA-Zeolithen bei sehr niedrigen Ausgangskonzentrationen ($c_i = 10\ g \cdot L^{-1}$) für die beteiligten Saccharide (Glukose, Fruktose, Saccharose und Isomaltose) bestimmt. Bei diesen Bedingungen kann Henry-Verhalten angenommen werden. Es wurden die Beladungsverhältnisse L für die beteiligten Saccharide an BEA-Zeolithen mit verschiedenen Modulen bestimmt. Aus dieser Bestimmung lässt sich jedoch nur bedingt eine Aussage über den weiteren Verlauf der Isotherme ableiten. Untersuchungen von Wach [154] mit unterschiedlichen Sacchariden an einen stark dealuminierten Y-Zeolithen (DAY, Degussa) zeigten, dass die maximale Beladung $q_{i,max}$ mit steigender Henry-Konstante ansteigt. In der Arbeit von Fornefett [56] wurde dieses Verhalten für Saccharose an verschiedenen Y-Zeolithen in Abhängigkeit des Dealuminierungsgrades bestätigt. Allerdings konnte der von Wach [154] beschriebene Trend nicht für alle untersuchten Saccharide bestätigt werden. So zeigen vor allem einige Disaccharide eine sehr hohe Anfangssteigung und dann eine, im Vergleich zu Monosacchariden, geringere maximale Beladung $q_{i,max}$. Aus der Henry-Konstante lassen sich also keine sicheren Rückschlüsse auf die Sättigungsbeladung ziehen [56].

In dieser Arbeit wird gezeigt, dass zur genauen Charakterisierung der Zeolithe und deren Eigenschaften für die gegebenen Prozessbedingungen eine Vielzahl von weiteren Untersuchungen nötig ist.

4.2.1 Beladung und Trennfaktoren bei niedrigen Konzentrationen

Berensmeier et al. [15] führten für BEA mit verschiedenen Si/Al-Verhältnissen (Si/Al = 12,5; 25; 75 und 150) statische Adsorptionsexperimente mit verdünnten Kohlenhydratlösungen ($c_i = 10\ g \cdot L^{-1}$) durch und ermittelten für Isomaltose an BEA 150 (Si/Al =75) eine Exzessbeladung $q_i^{Ex} = 30{,}97\ mg \cdot g^{-1}$ und eine Adsorptionsgleichgewichtskonstante $K_i^{Ex} = 8{,}68\ mg \cdot g^{-1}$. Saccharose wurde bei allen untersuchten Zeolithen aus den Poren ausgeschlossen. Mit Glukose ergaben sich deutlich geringere Werte für q_i^{Ex} und K_i^{Ex}, die jedoch keinem Trend in Abhängigkeit des Dealuminierungsgrades folgten. Bei diesen Zeolithen handelte es sich um Proben verschiedener Hersteller. Die Zeolithe wurden mit unterschiedlichen Methoden dealuminiert. Dies kann Auswirkungen auf die Qualität der Gerüststruktur haben [15].

In den Arbeiten von Fornefett [56] wurde der Einfluss des Dealuminierungsgrades auf die Adsorption von Saccharose an Y-Zeolithen der Firma Degussa untersucht. Es zeigte sich, dass ein höherer Dealuminierungsgrad sowohl die Anfangssteigung (K_i-Werte), wie auch die Sättigungsbeladung $q_{i,max}$ verbesserte. Dieser Trend wurde bis zu Si/Al = 128 gefunden. Die Auswahl von BEA 150 (Si/Al = 75) für dieses Prozesssystem trafen Berensmeier et al. [15] aus den statischen Einpunktmessungen, da sich hier die höchste Beladung für Isomaltose zeigte, bei vergleichsweise hohen Unterschieden zwischen den K_i^{Ex}-Werten. Das Verhältnis zweier Henry-Konstanten aus Reinstoffmessungen ist das Beladungsverhältnis L, welches - ideales Verhalten vorausgesetzt - ein Maß für die Trennbarkeit ist (siehe Tab. 4.2). Es darf nicht mit der Selektivität α verwechselt werden. Um diese zu ermitteln, sind Messungen mit einer Gemischadsorption nötig.

In dieser Arbeit stand neben den Modulen 25 und 150 auch eine Neuentwicklung der Firma Süd-Chemie mit dem Modul 450 (Si/Al = 225) zur Verfügung. Analog zu den Untersuchungen von Fornefett [56] wurde zunächst der Einfluss des Dealuminierungsgrades auf die Adsorption der beteiligten Saccharide untersucht. Alle Zeolithmodule stammen nun von einem Hersteller und wurden mit der gleichen Methode synthetisiert. Es wird davon ausgegangen, dass keine zusätzlichen Strukturdefekte auftreten.

Tabelle 4.2 fasst die Ergebnisse für die Module 25, 150 und 450 zusammen. Negative Beladungen zeigen, dass der Stoff nicht adsorbiert wird. Die negative Beladung resultiert aus einer Zunahme der Konzentration im umgebenden Fluid, weil das Adsorbens nur mit dem Lösungsmittel beladen wird.

Die Betrachtung der Isothermen wird in Kapitel 4.2.2 diskutiert.

Tabelle 4.2: Zusammenfassung der q_i^{Ex}, K_i^{Ex} und L-Werte ($L = K_{iso}^{Ex}/K_i^{Ex}$) für BEA-Zeolithe mit verschiedenen Modulen, bei niedrigen Konzentrationen, $c_i = 10\ g \cdot L^{-1}$, $\vartheta = 30$ °C

Saccharid	BEA 25 (Si/Al = 12,5)			BEA 150 (Si/Al = 75)			BEA 450 (Si/Al = 225)		
	q_i^{Ex} [$mg \cdot g^{-1}$]	K_i^{Ex} [$mL \cdot g^{-1}$]	L [-]	q_i^{Ex} [$mg \cdot g^{-1}$]	K_i^{Ex} [$mL \cdot g^{-1}$]	L [-]	q_i^{Ex} [$mg \cdot g^{-1}$]	K_i^{Ex} [$mL \cdot g^{-1}$]	L [-]
Fruktose	6,0	0,72	3,8	6,4	0,76	11,4	8,0	0,9	1,9
Glukose	2,8	0,33	8,2	2,3	0,26	33,5	-3,8	-0,4	-4,3
Saccharose	1,1	0,13	20,8	-2	-0,2	-5	-1,7	-0,2	-8,5
Isomaltose	17,5	2,7	1	31,4	8,7	1	12,3	1,7	1

Im Gegensatz zu den Ergebnissen von Fornefett [56] lässt sich für die untersuchten Saccharide und Module kein Trend in Abhängigkeit des Dealuminierungsgrades erkennen. Für BEA 150 liegen die Werte sehr nah an den Ergebnissen von Berensmeier et al. [15]. BEA 25 zeigt im Gegensatz dazu eine – wenn auch sehr geringe – Beladung für Saccharose. Für Isomaltose nimmt die Beladung mit höherem Modul (BEA 450) wieder ab.

Interessant ist vor allem das neue Modul BEA 450. Hier zeigt sich bei sehr kleinen Konzentrationen ($c_i = 10\ g \cdot L^{-1}$), dass Glukose (negative Exzessbeladung $q_i^{Ex} = -3{,}8\ mg \cdot g^{-1}$ für Glukose an BEA 450) nicht adsorbiert wird. Sollte sich dieser Trend bei größeren Konzentrationen und in Gemischisothermen bestätigen, wäre dieses Modul aufgrund der vorliegenden Prozessbedingungen dem Modul BEA 150 vorzuziehen.

Letztendlich erlauben Einpunktmessungen einen einfachen und schnellen Test, ob ein Adsorbens für ein Adsorptiv in Frage kommt oder nicht. Eine quantitative Aussage ist aufgrund der geringen Datendichte jedoch sehr schwierig. Die ermittelten Werte, vor allem die Henry-Konstante K_i, weichen häufig von den Adsorptionsgleichgewichtskonstanten $K_{i,L}$, welche aus Regression einer gesamten Isotherme ermittelt werden, ab. Dieses Problem wird in Kapitel 5.1 an der Adsorbensauswahl für eine Festbettanwendung diskutiert. Somit sollten, wenn möglich, immer Isothermen für einen größeren Konzentrationsbereich und bei verschiedenen Temperaturen bestimmt werden, um genauere Aussagen und eine Abschätzung der Enthalpie zu ermöglichen.

4.2.2 Isothermen und Adsorptionsenthalpien

Zunächst werden in diesem Kapitel die Isothermen an verschiedenen Modulen von BEA dargestellt. Für BEA 150 wurden darüber hinaus auch Isothermen bei verschiedenen Temperaturen untersucht, um mit dem van´t Hoff-Plot die Adsorptionsenthalpie abzuschätzen.
Die Abbildung 4.3 zeigt Isothermen für Isomaltose an BEA 25, 150 und 450. Die Daten für BEA 150 stammen von Berensmeier et al. [15] und sind mit kommerziell erhältlicher Isomaltose (ICN Biomedicals Inc., Ohio, USA) in 25 mM Calcium-Acetat-Puffer, pH 5,4 aufgenommen worden. Die Isothermen an BEA 25 und BEA 450 wurden mit selbst hergestellter Isomaltoselösung (Isomaltose Lyophilisat und Isomaltose Desorbat, Tab. 3.1) durchgeführt. An BEA 25 wurde der Einfluss dieser zwei unterschiedlichen Lösungen untersucht. Im Konzentrationsbereich bis 100 $g \cdot L^{-1}$ zeigen beide Messreihen den gleichen Verlauf. Oberhalb dieser Konzentration kommt es zu Abweichungen. Diese können in der Natur der Messmethode liegen, oder auch Beeinträchtigungen durch Koadsorption sein. Der Einfluss der Nebenkomponenten konnte nicht abschließend geklärt werden.

Für BEA 450 wurde die Lösung IM Reinheit 91% verwendet. Es wurden ebenfalls zwei Messreihen durchgeführt. In der ersten Messreihe wurden 15 mL Falcon-Tubes als Gefäße benutzt und auf einem Rotatorsystem im 30 °C Raum inkubiert. Bei der zweiten Messreihe wurden als Reaktionsgefäße 2 mL Eppendorf-Tubes benutzt. Die Inkubation fand analog der ersten Messreihe statt. Die 2 mL Eppendorf-Tubes sind der kleinstmögliche Ansatz, der für die anschließende Konzentrationsbestimmung mittels HPLC möglich ist. Mit dieser Methode können geringe Mengen an sehr teuren Sacchariden untersucht werden. Wie die Ergebnisse zeigen, stimmen beide Messreihen gut überein, sodass keine Auswirkung des geringen Probenvolumens zu erkennen ist.

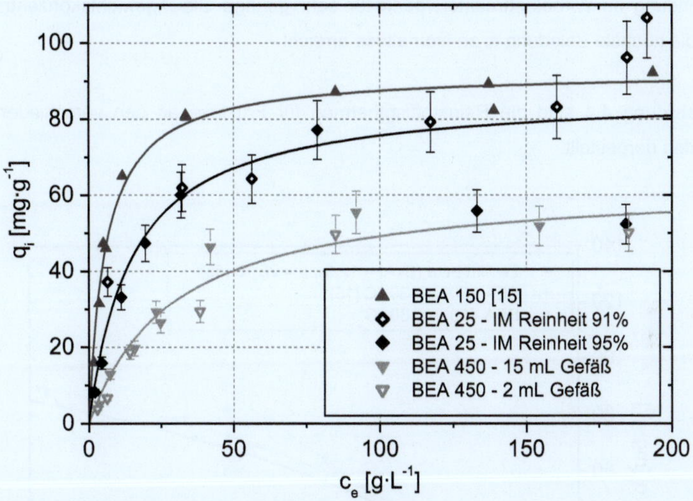

Abbildung 4.3: Isomaltoseisothermen an BEA 25, 150 und 450, ϑ = 30 °C, V_L/m_{Ad} = 5 mL·g^{-1}

Für BEA 150 zeigt die Isotherme, die wie alle drei Isothermen mit dem Langmuir-Modell beschrieben werden kann, die höchste Anfangssteigung bei höchster Sättigungsbeladung. Auffällig ist, dass bei allen drei Modulen eine stark ausgeprägte Isotherme vom Typ I vorliegt. Im Gegensatz zu BEA 25 besitzt BEA 150 weniger Al-Zentren. Diese sind dafür stärker und erzeugen größere ionische Wechselwirkungen. In den Arbeiten von Buttersack et al. [26, 30, 29] wird beschrieben, dass für die Adsorption von Sacchariden an Zeolithen sowohl hydrophile als auch hydrophobe Interaktionen eine Rolle spielen. Dies liegt an der Struktur der Kohlenhydrate, die sowohl große Bereiche mit CH-Gruppen (hydrophob) als auch viele OH-Gruppen (hydrophil) aufweisen. Zeolithe mit hohem Si/Al besitzen weniger Al-Zentren. Dies begünstigt hydrophobe Wechselwirkungen [29]. Gleichzeitig sind diese Al-Zentren stärker, was eine bessere Interaktion mit OH-Gruppen ermöglicht. Letztendlich ist die Flexibilität des Adsorptivs entscheidend, denn damit sich die OH- bzw. CH-Gruppen entsprechend der günstigen Anlagerungsstellen orientieren können, muss das Zuckermolekül sehr flexibel sein. Dies ist für Isomaltose aufgrund von drei freien Rotationsbindungen gegeben [26].

Für sehr hohe Si/Al-Verhältnisse (BEA 450) sinkt die Affinität wieder, wie an der flacher verlaufenden Isotherme in Abbildung 4.3 zu erkennen ist. Hier sind demnach zu wenig hydrophile Interaktionsstellen in Form von Al-Zentren vorhanden.

Unter den bis hier vorliegenden Erkenntnissen ist BEA 150 die beste Wahl für eine Anwendung im Wirbelbettreaktor, denn für sehr geringe Gleichgewichtskonzentrationen c_e wird die höchste Beladung q_i an Isomaltose erreicht.

In Abbildung 4.4 sind die Reinstoffisothermen für Fruktose an den verschiedenen BEA-Modulen dargestellt.

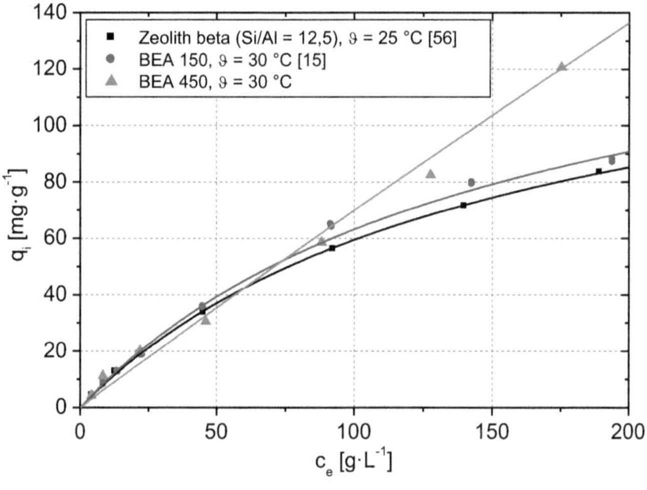

Abbildung 4.4: Fruktoseisothermen an BEA 150 und 450 , ϑ = 30 °C, V_L/m_{Ad} = 5 mL·g^{-1}, Zeolith beta (Si/Al = 12,5), ϑ = 25 °C

Für Zeolith beta (Si/Al = 12,5) [56] und BEA 150 [15] liegen die Verläufe sehr eng beieinander. BEA 450 folgt diesem Trend bis zu einer Gleichgewichtskonzentration von ca. 100 g·L^{-1}. Für höhere Konzentrationen zeigt BEA 450 eine noch größere Beladung. Gerade in diesem Bereich liegen nicht genügend Messwerte vor, um einen gesicherten Trend zu bestätigen. Für die Produktionsbedingungen im MBRA sind aber nur die Isothermen im niedrigeren Konzentrationsbereich von Bedeutung. Da Fruktose als Nebenprodukt in äquimolaren Mengen zu Isomaltose produziert wird, liegen im Reaktionssystem keine Konzentrationen von Fruktose über 50 g·L^{-1} vor. In diesem Bereich scheint das Si/Al-Verhältnis keinen Einfluss auf die Affinität von Fruktose zu haben. Dies legt die Vermutung nahe, dass für die Adsorption von Fruktose ein anderer Mechanismus vorliegt als für Isomaltose.

Abbildung 4.4 zeigt die Ergebnisse der Adsorption von Glukose an verschiedenen BEA-Modulen. Wie im Kapitel 2.5 beschrieben, kann die Glukosekonzentration je nach verwendetem Enzymsystem sehr hohe Werte annehmen. Im Falle der Dextransucrase DSRS liegt Glukose in 500 $g \cdot L^{-1}$ im System vor, um die natürliche Reaktion der DSRS - die Bildung von Dextran - zu unterdrücken. Bei derartig hohen Glukosekonzentrationen kommt es zum einen zur vermehrten Koadsorption, wodurch die Kapazität für Isomaltose reduziert wird [15]. Zum anderen ist die Bestimmung von Isothermenwerten in diesem Konzentrationsbereich äußerst fehlerbehaftet [49].

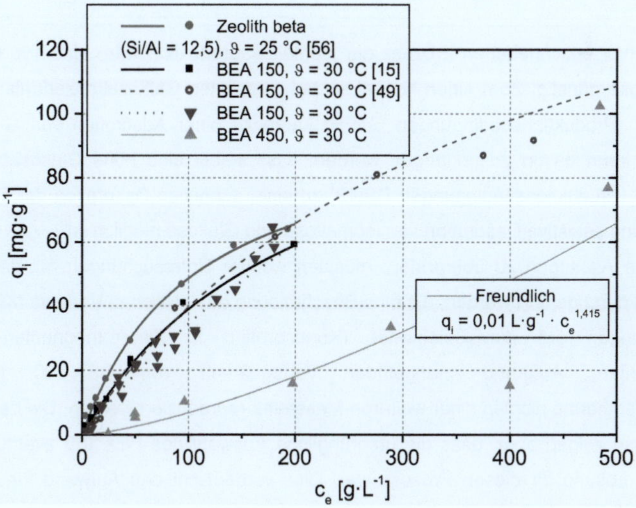

Abbildung 4.5: Glukoseisothermen an BEA 150 und 450 bei ϑ = 30 °C, V_L/m_{Ad} = 5 $mL \cdot g^{-1}$, Zeolith beta (Si/Al = 12,5) bei ϑ = 25 °C

Um den Einfluss des Dealuminierungsgrades zu verdeutlichen, sind in Abb. 4.5 verschiedene Literaturdaten dargestellt. Fornefett [56] untersuchte Zeolith beta (Si/Al = 12,5) bei 25 °C. Für BEA 150 sind Daten von Berensmeier et al. [15], Ergezinger [49] und eigene Werte bei 30 °C dargestellt. BEA 450 wurde wie bei Ergezinger bis zu einer Gleichgewichtskonzentration c_e von 500 $g \cdot L^{-1}$ untersucht. Bis auf den Typ BEA 450 lassen sich alle Messdaten mit dem Langmuir-Modell beschreiben.

Die Glukoseisothermen an BEA 150 zeigen bei allen Autoren eine gute Übereinstimmung und sind somit reproduzierbar. Dass Zeolith beta den höchsten Verlauf aufweist, kann an der niedrigeren Temperatur liegen.

Die Glukoseisothermen an BEA 450 unterscheiden sich von allen bisher gefundenen Isothermen. Es liegt eine Isotherme vom Typ III (IUPAC-Klassifikation, siehe Abb. 2.2) vor, die durch eine Freundlich-Isotherme mit der Freundlich-Konstanten $a = 0{,}01\ L \cdot g^{-1}$ und dem Freundlich-Exponenten $b = 1{,}415$ beschrieben werden kann. Bei diesem Isothermentyp verläuft die Beladung zunächst auf niedrigem Niveau und erst bei sehr hohen Gleichgewichtskonzentrationen steigt sie stark an. Ein derartiger Verlauf ist für die Adsorption von Glukose unvorteilhaft und spricht für eine bevorzugte Desorption. Die Desorption bei einem Isothermen Typ III verläuft in der Regel sehr schnell, d.h. das Adsorptiv lässt sich leichter desorbieren als adsorbieren.

Für den hier beschriebenen Prozess der Isomaltoseproduktion wäre eine Typ III Isotherme für Glukose günstig. Zum einen kommt es bei moderaten Glukosekonzentrationen von ca. $100\ g \cdot L^{-1}$ (Produktionsbedingungen GTFR) kaum zu einer Adsorption von Glukose. Zum anderen kann davon ausgegangen werden, dass selbst eine hohe Glukosebeladung bei $500\ g \cdot L^{-1}$ (Produktionsbedingungen DSRS) zu einer schnellen Desorption der Glukose führt und so eine selektive Desorption von Isomaltose und Glukose möglich ist.
Um diese Aussagen zu überprüfen, müssten weitere Untersuchungen mit dem Zeolithen BEA 450 durchgeführt werden, die eine Beschreibung des zeitlichen Verlaufs (Kinetiken) und Auswirkungen auf die Selektivität (Koadsorption in Zweikomponenten-Isothermen) untersuchten. Aufgrund mangelnder Verfügbarkeit von BEA 450 konnte die Glukoseisotherme nicht in einer weiteren Messreihe reproduziert werden. Die beschriebenen Ergebnisse zeigen aber, dass die ursprüngliche Auswahl des BEA 150 eventuell nicht die optimale Lösung für diesen Prozess war. Dies verdeutlicht den Aufwand für die Auswahl eines geeigneten Adsorbens. In Tabelle 4.3 sind die Ergebnisse der Isothermen an den verschiedenen Modulen zusammengefasst.

Tabelle 4.3: Zusammenfassung von Isothermendaten verschiedener Module

Zeolithtyp	Parameter	Isomaltose	Fruktose	Glukose
BEA 25	$q_{i,max}$ [mg·g^{-1}]	86,9	150,4	100,6
	b_i [L g^{-1}]	0,067	0,007	0,009
	$K_{i,L}$ [mL·g^{-1}]	5,9	1,0	0,9
BEA 150 [15]	$q_{i,max}$ [mg·g^{-1}]	92,5	161,0	120,9
	b_i [L g^{-1}]	0,171	0,006	0,005
	$K_{i,L}$ [mL·g^{-1}]	15,9	1,0	0,6
BEA 450	$q_{i,max}$ [mg·g^{-1}]	63,5	2823	
	b_i [L g^{-1}]	0,034	0,0003	
	$K_{i,L}$ [mL·g^{-1}]	2,2	0,7	
	Freundlich-Konstante a [L g^{-1}]			0,01
	Freundlich-Exponent b [-]			1,415

Im Folgenden werden Isothermen für Isomaltose, Fruktose und Glukose bei 4 °C, 30 °C und 50 °C dargestellt. Die Kenntnis der Isothermen bei mindestens drei verschiedenen Temperaturen ermöglicht die Abschätzung der Adsorptionsenthalpie im van´t Hoff-Plot.

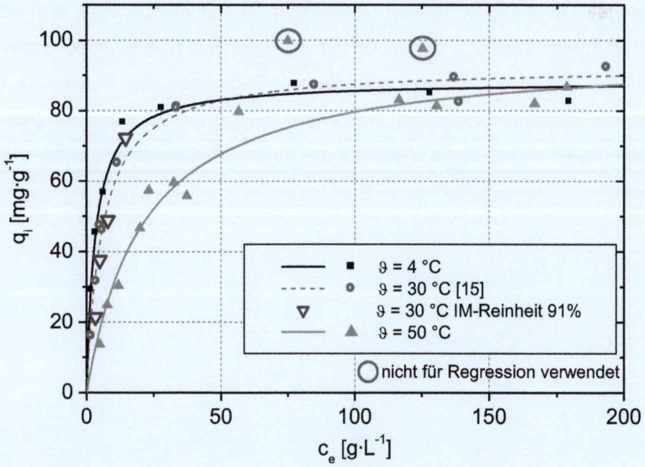

Abbildung 4.6: Isomaltoseisothermen an BEA 150 bei ϑ = 4 °C, 30 °C und 50 °C, V_L/m_{Ad} = 5 mL·g^{-1}

Allgemein nimmt die Beladung bei c_i = const. mit steigender Temperatur ab, da es sich bei der Adsorption um einen exothermen Vorgang handelt und eine höhere Temperatur der Adsorption entgegen wirkt. Für Isomaltose zeigt Abbildung 4.6, dass die Isothermen für 4 °C und 30 °C sehr eng beieinander liegen. Die Adsorptionsgleichgewichtskonstante $K_{i,L}$ für 4 °C übersteigt die für 30 °C um den Faktor 1,8 (Zusammenfassung aller Werte in Tab. 4.4). Für 50 °C ist ein deutlicher Abfall der Affinität zu beobachten. Alle drei untersuchten Temperaturen führen jedoch zu einer ähnlich hohen Sättigungsbeladung $q_{i,max}$. Untersuchungen von Fornefett [56] mit Leukrose an Zeolithen beta (Si/Al = 12,5) zeigten im untersuchten Konzentrationsbereich bis 200 $g \cdot L^{-1}$ mit höheren Temperaturen neben einer geringeren Anfangssteigung auch eine geringere Sättigungsbeladung.
Abbildung 4.6 zeigt außerdem, dass Isomaltose-Lyophilisat (IM-Reinheit 91%, Palatinose 9%) zum gleichen Isothermenverlauf führt, wie reine Isomaltose (Messung Berensmeier et al. [15]). Die Verunreinigung durch Palatinose beeinflusst somit nicht die Adsorption der Isomaltose im niedrigen Konzentrationsbereich bis 20 $g \cdot L^{-1}$.

Im van´t Hoff-Plot (Abb. 4.7 und 4.8) wird die molare Gleichgewichtskonzentration c_e als reziproker Logarithmus (bzw. der Logarithmus der Adsorptionsgleichgewichtskonstante $K_{i,L}$ oder der Henry-Konstanten K_i) über dem Kehrwert der absoluten Temperatur T (Kelvin) für konstante Beladung aufgetragen. Im Idealfall ergeben sich hierbei Werte, die gut durch einen linearen Zusammenhang beschrieben werden können. Für die hier dargestellten, aus verschiedenen Langmuir-Isothermen berechneten, Beladungen q_i zeigt sich allerdings kein einheitlicher Trend. Naturgemäß verläuft der Ordinatenabschnitt bei niedrigeren Beladungen höher als bei hohen Beladungen. Die lineare Regression durch die drei untersuchten Temperaturen zeigt aber, dass auch zwei andere Verläufe denkbar wären. Dieser Verlauf ist durch gestrichelte Linien für die Beladung $q_i = 20\ mg \cdot g^{-1}$ (Regression ohne 4 °C und 50 °C) dargestellt.

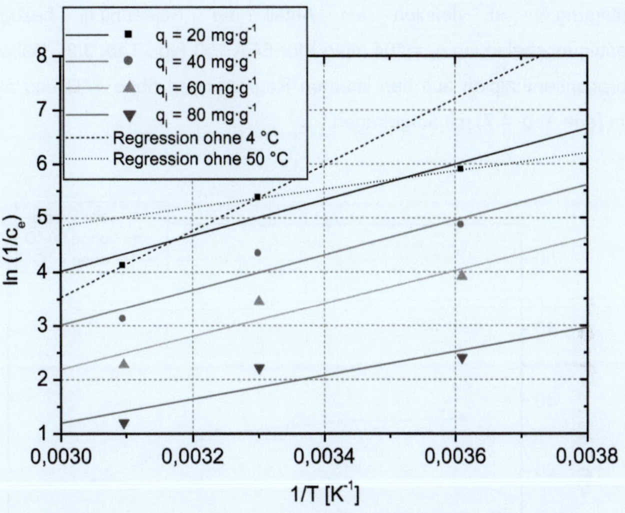

Abbildung 4.7: van´t Hoff-Plot für Isomaltose-Isothermen bei verschiedenen Beladungen

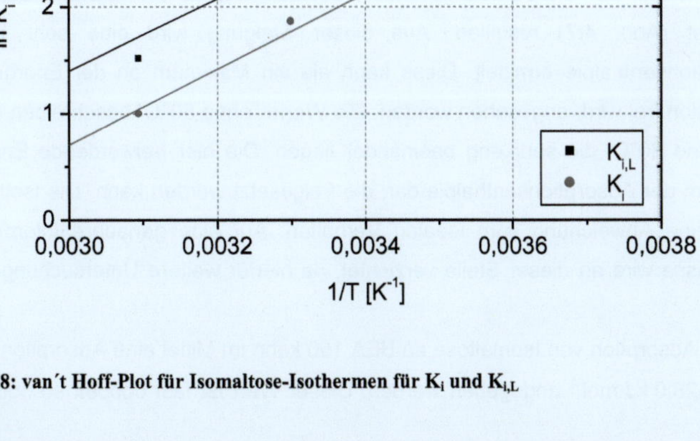

Abbildung 4.8: van´t Hoff-Plot für Isomaltose-Isothermen für K_l und $K_{l,L}$

Abbildung 4.9 zeigt den Verlauf der Adsorpionsenthalpie Δh_{Ad} als Funktion der Sättigung Θ. Die Sättigung Θ ist definiert als Anteil der Beladung q_i bezogen auf die Gesamtsättigungsbeladung q_s = 104 mg·g^{-1} für BEA 150 (vgl. Tab. 3.2). Dabei wurden auch die Adsorptionsenthalpien aus den linearen Regressionen ohne 4 °C und 50 °C des van´t Hoff-Plots (aus Abb. 4.7) mit aufgetragen.

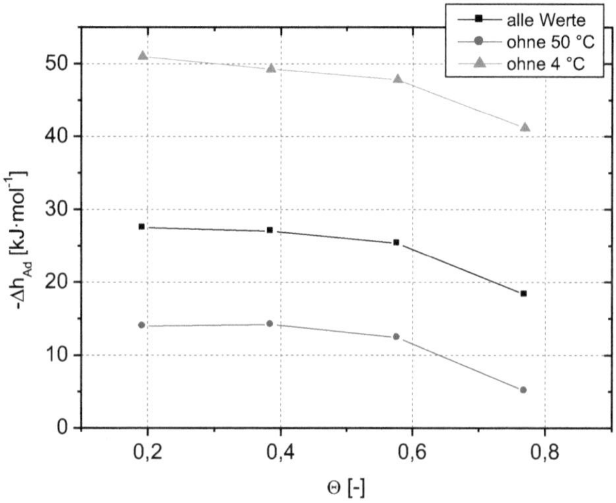

Abbildung 4.9: Adsorptionsenthalpie für Isomaltose an BEA 150 in Abhängigkeit der Sättigung Θ

Die Werte „ohne 4 °C" resultieren aus einer linearen Regression durch die Isothermendaten von 30 °C und 50 °C. Wie in der Isothermendarstellung (Abb. 4.6) zu erkennen ist, unterscheiden sich die Beladungsverläufe deutlich, woraus eine größere Steigung im van´t Hoff-Plot (Abb. 4.7) resultiert. Aus dieser Steigung wird eine sehr hohe negative Adsorptionsenthalpie ermittelt. Diese kann als ein Maximum an der Energie, die bei der Adsorption frei wird, angesehen werden. Die Werte "ohne 50°C" beschreiben die Isothermen bei 4 und 30°C, die sehr eng beeinander liegen. Die hier freiwerdende Energie stellt ein Minimum der Adsorptionsenthalpie dar, die freigesetzt werden kann. Die Isothermen zeigen somit eine Abweichung vom idealen Verhalten. Auf eine genauere Interpretation dieser Ergebnisse wird an dieser Stelle verzichtet, da hierfür weitere Untersuchungen erforderlich wären.

Für die Adsorption von Isomaltose an BEA 150 kann im Mittel eine Adsorptionsenthalpie von Δh_{Ad} = -28,0 kJ·mol^{-1} angegeben werden. Dieser Wert ist fast doppelt so hoch wie der von

Fornefett [56] für die Adsorption von Leukrose an Zeolith beta (Si/Al = 12,5) gefundene Wert von $\Delta h_{Ad} = -14{,}5\ kJ \cdot mol^{-1}$.

Mit dieser Methode ist nur eine erste Abschätzung der Adsorptionsenthalpie möglich. Für eine genauere Betrachtung sollten Isothermen am besten zwischen den untersuchten Temperaturen aufgenommen und analysiert werden. Die Möglichkeit der direkten Messung der Adsorptionsenthalpie ist bei Flüssigphasensystemen im Allgemeinen sehr aufwändig und schwierig.

Grundsätzlich kann sich der Verlauf der Adsorptionsenthalpie in Abhängigkeit der Sättigung stark verändern. In der Literatur existieren viele Beispiele, bei denen die Enthalpie ein Minimum durchläuft oder mit steigender Sättigung zunimmt [132]. Für den hier beschriebenen Prozess ist vor allem der Vergleich der Enthalpien der verschiedenen Saccharide interessant. Wie am Beispiel der Isomaltose gezeigt wurde, kann aufgrund der hohen Adsorptionsenthalpie ein größerer Energieaufwand für die Desorption von Isomaltose erwartet werden. Denn die Energie, die bei der Adsorption frei wird, muss dem Adsorptiv bei dessen Desorption wieder zugeführt werden.

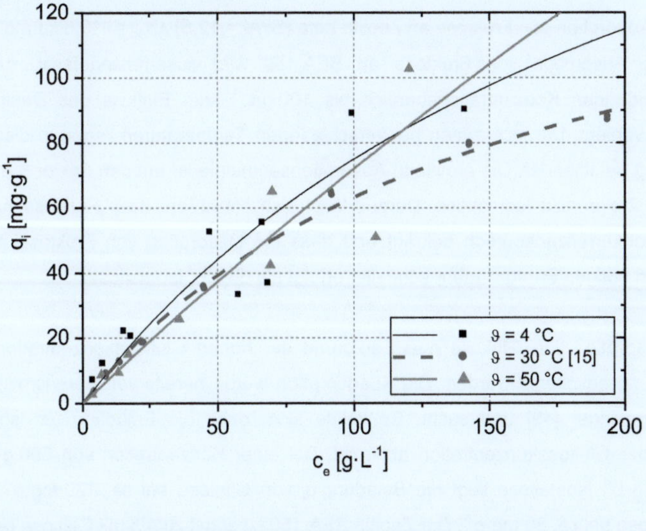

Abbildung 4.10: Fruktoseisothermen an BEA 150 bei ϑ = 4 °C, 30 °C und 50 °C, $V_L/m_{Ad} = 5\ mL \cdot g^{-1}$

Für Fruktose zeigen die Isothermen bei verschiedenen Temperaturen, dargestellt in Abbildung 4.10, einen geringeren Unterschied. Im für diesen Prozess interessanten Konzentrationsbereich bis $100\ g \cdot L^{-1}$ liegen die Beladungen für Fruktose sehr eng

beieinander. Die hohe Streuung der Messreihe bei 50 °C führt dazu, dass sich die berechneten Langmuir-Isothermen von 30 °C und 50 °C bei einer Gleichgewichtskonzentration c_e von ca. 65 $g \cdot L^{-1}$ schneiden. Insgesamt zeigt die Isotherme für 50 °C keine klar erkennbare Sättigungsbeladung und die Annahme des Langmuir-Modells lässt sich nur schwer rechtfertigen. Bei der Gleichgewichtskonzentration c_e von 118 $g \cdot L^{-1}$ schneidet die Isotherme für 50 °C sogar die für 4 °C, da die Steigung nicht, wie für Langmuir eigentlich üblich, im Bereich der Sättigung deutlich abnimmt.
Eine Freundlich-Isotherme ließe sich für die Messwerte von Fruktose ebenfalls verwenden. Diese ist für mikroporöse Adsorbentien, wie Zeolithe es sind, aber seltener zutreffend als das Langmuir-Modell. Um die Vergleichbarkeit mit den anderen Sacchariden und mit den Literaturdaten von Wach [154], Fornefett [56] und Berensmeier [14] zu ermöglichen, wird hier am Langmuir-Modell festgehalten.

Im van´t Hoff-Plot für Fruktose (Abb. 10.1 und 10.2 – Anhang) lassen sich die Messwerte bei höheren Beladungen nur schlecht durch eine lineare Regression beschreiben. Der Grund liegt in den sich kreuzenden Isothermen. Aus der Adsorptionsgleichgewichtskonstanten $K_{i,L}$ wurde für Fruktose die Adsorptionsenthalpie Δh_{Ad} = -4,9 $kJ \cdot mol^{-1}$ ermittelt. Fornefett [56] fand für die Adsorption von Fruktose an Zeolith beta (Si/Al = 12,5) Δh_{Ad} = -10,6 $kJ \cdot mol^{-1}$.
Für die Adsorption von Fruktose an BEA 150 wird zusammengefasst, dass für den entscheidenden Konzentrationsbereich bis 100 $g \cdot L^{-1}$ kein Einfluss des Dealuminierungsgrades vorliegt. Die Isothermen bei verschiedenen Temperaturen liegen in diesem Bereich sehr eng beieinander. Die ermittelte Adsorptionsenthalpie ist um den Faktor 5,6 geringer als für das Zielprodukt Isomaltose. Daraus lässt sich schließen, dass Fruktose nur gering zu einer Konkurrenzadsorption beiträgt und dass die Desorption von Fruktose aufgrund der geringen nötigen Energiezufuhr schneller erfolgt als die der Isomaltose.

Der Adsorption von Glukose muss aufgrund der hohen Glukosekonzentration besondere Beachtung geschenkt werden. Die Koadsorption wurde bereits von Berensmeier et al. [15] und Ergezinger [49] untersucht. Es zeigte sich, dass die Beladung für Isomaltose mit steigender Glukosekonzentration abnimmt. Bei einer Konzentration von 500 $g \cdot L^{-1}$ Glukose und 20 $g \cdot L^{-1}$ Isomaltose liegt die Beladung q_i von Glukose bei ca. 120 $mg \cdot g^{-1}$ und die für Isomaltose bei ca. 30 $mg \cdot g^{-1}$. Der Zeolith BEA 150 ist somit zu 4/5 mit Glukose beladen.
Abbildung 4.11 zeigt die Isothermen für Glukose bei unterschiedlichen Temperaturen. Die Beladung bei 4 °C verläuft höher als für 30 °C und 50 °C. Die Beladung bei 30 °C und 50 °C unterscheiden sich nur geringfügig.

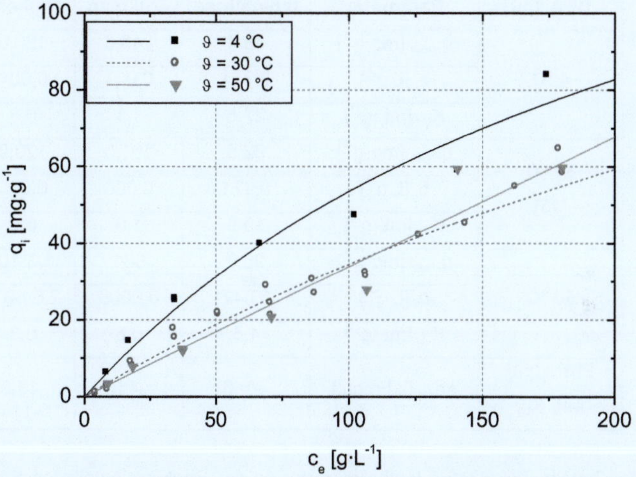

Abbildung 4.11: Glukoseisothermen an BEA 150 bei ϑ = 4 °C, 30 °C und 50 °C, V_L/m_{Ad} = 5 mL·g^{-1}

Aus dem van´t Hoff-Plot (Abb. 10.3 und 10.4 – Anhang) wurde für Glukose die Adsorptionsenthalpie bestimmt. Für die Auswertung mittels Adsorptionsgleichgewichtskonstante $K_{i,L}$ ergibt sich für Glukose Δh_{Ad} = -13,3 kJ·mol^{-1}. Die Adsorptionsenthalpie für Glukose ist somit etwas kleiner als die Hälfte der Enthalpie für Isomaltose (Δh_{Ad} = -28,0 kJ·mol^{-1}). Auch Glukose sollte daher bei niedrigen Temperaturen desorbieren. Der Vergleich aller ermittelten Adsorptionsenthalpien ist in Tabelle 10.1 im Anhang zusammengestellt.

In Tabelle 4.4 sind die Parameter aus den gezeigten Isothermen zusammengefasst. Es zeigte sich, dass die Adsorption von Isomaltose eine deutliche höhere Adsorptionsenthalpie freisetzt als die der Glukose und Fruktose.

Der starke Anstieg der Isomaltose-Isotherme schon bei geringen Gleichgewichtskonzentrationen deutet auf eine sehr schnelle Adsorption hin. In diesem Fall ist eine eher langsamere und aufwändige Desorption zu erwarten. Der Anstieg der Affinität bei 4 °C kann für die Slurryanwendung aufgrund des Temperaturoptimums der enzymatischen Umsetzung nicht genutzt werden. Grundsätzlich deutet der Verlauf aller Isothermen darauf hin, dass hier Unterschiede zwischen den verschiedenen Sacchariden für die Ad- und Desorptionskinetik zu erwarten sind.

Tabelle 4.4: Zusammenfassung der wichtigen Isothermendaten, T-Einfluss und Enthalpie

BEA 150	Parameter	Isomaltose	Fruktose	Glukose
4 °C	$q_{i,max}$ [$mg \cdot g^{-1}$]	88,4	245,6	183,0
	b_i [$L\ g^{-1}$]	0,311	0,004	0,004
	$K_{i,L}$ [$mL \cdot g^{-1}$]	27,5	1,1	0,8
30 °C [15]	$q_{i,max}$ [$mg \cdot g^{-1}$]	92,5	161,0	120,9
	b_i [$L\ g^{-1}$]	0,171	0,006	0,005
	$K_{i,L}$ [$mL \cdot g^{-1}$]	15,9	1,0	0,6
50 °C	$q_{i,max}$ [$mg \cdot g^{-1}$]	96,7	961	$1,3 \cdot 10^{9}$
	b_i [$L\ g^{-1}$]	0,047	0,0008	$2,6 \cdot 10^{-10}$
	$K_{i,L}$ [$mL \cdot g^{-1}$]	4,5	0,8	0,3
Enthalpie aus $K_{i,L}$	Δh_{Ad} [$kJ \cdot mol^{-1}$]	-28,0	-4,9	-13,3

Neben den bereits diskutierten Isothermen der an der Reaktion beteiligten Saccharide soll hier noch auf das Nebenprodukt Leukrose eingegangen werden. Leukrose kann vor allem bei der Anwendung der rekombinanten Glucosyltransferase GTFR als Nebenprodukt vorkommen. Leukrose ist ein Disaccharid, das wie Saccharose aus einem Glukose- und einem Fruktosebaustein besteht, jedoch mit einer 1-5 glycosidischen Bindung. In Arbeiten von Fornefett [56] und Wach [154] wurden verschiedene Untersuchungen der Adsorption von Leukrose durchgeführt. Fornefett [56] hat dabei die Adsorption an einem Zeolithen beta (Si/Al = 12,5) untersucht. Abbildung 4.12 zeigt Isothermen von Leukrose an BEA 150 bei verschiedenen Temperaturen. Zum Vergleich sind die Isothermen an Zeolith beta (Si/Al = 12,5) für 5 ° und 60 °C gezeigt [56].

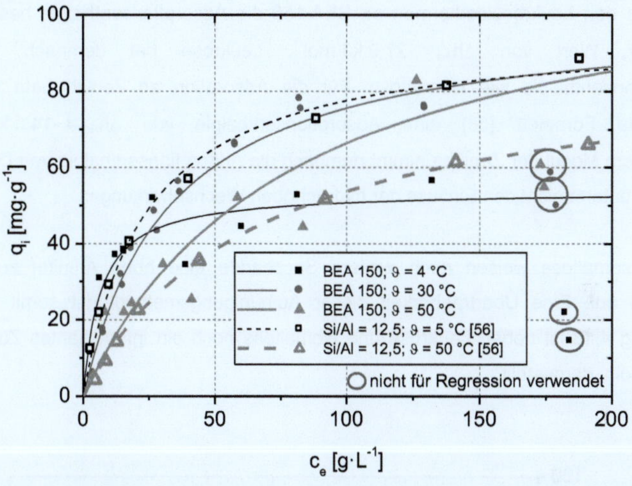

Abbildung 4.12: Adsorptionsisothermen von Leukrose an BEA 150 und Zeolith beta (Si/Al = 12,5) [56] V_L/m_{Ad} = 5 mL·g^{-1}

Im Bereich niedriger Gleichgewichtskonzentrationen c_e zeigen die Isothermen an BEA 150 mit sinkender Temperatur eine höhere Affinität. Die Isotherme für 4 °C flacht dann aber ab einer Gleichgewichtskonzentrationen c_e von ca. 25 g·L^{-1} deutlich ab. Für die Bestimmung der Sättigungsbeladung $q_{i,max}$ wurden die markierten Messwerte, bei einer Gleichgewichtskonzentration c_e von 180 g·L^{-1}, nicht berücksichtigt. Hier liegt ein Artefakt der HPLC-Messung vor, denn eine Abnahme der Beladung ist mit steigender Konzentration nicht zu erwarten. Die Beladung bei 30 °C und 50 °C in diesem sehr hohen Konzentrationsbereich liegen ebenfalls niedriger als erwartet und werden nicht für die Bestimmung der Isothermenparameter verwendet.

Fornefett [56] fand für stark dealuminierte Y-Zeolithe (DAY Si/Al > 120), dass der Einfluss der Temperatur auf den Isothermenverlauf gering ist. Als Begründung wird „die Änderung der Solvatationsverhältnisse und eine höhere Flexibilität des Moleküls“ genannt. So ermöglicht eine höhere Temperatur eine bessere Anlagerung des Adsorptivs an die Porenoberfläche. Vor allem bei hydrophoben Wechselwirkungen, welche mit steigendem Modul an Einfluss gewinnen, kann dieser Aspekt eine verbesserte Adsorption bewirken. Für BEA 150, welcher nach dem Modul sechsmal hydrophober ist als Zeolith beta (Si/Al = 12,5), kann diese

Argumentation ebenfalls zur Erklärung der Isothermenverläufe aus Abbildung 4.12 genutzt werden.

Wird aus den Leukroseisothermen an BEA 150 die Adsorptionsenthalpie bestimmt, ergibt sich ein Wert von $\Delta h_{Ad} = -27{,}9\ kJ \cdot mol^{-1}$. Leukrose hat demnach die gleiche Adsorptionsenthalpie wie Isomaltose. Für die Adsorption an Zeolith beta (Si/Al = 12,5) bestimmte Fornefett [56] eine Adsorptionsenthalpie von $\Delta h_{Ad} = -14{,}5\ kJ \cdot mol^{-1}$. Mit steigendem Modul der Zeolithe nimmt demnach die Adsorptionsenthalpie von Disacchariden zu. Dies unterstreicht den Einfluss der hydrophoben Wechselwirkungen.

Neben Isomaltose weisen noch weitere Saccharide eine hohe Affinität zum Zeolithen BEA 150 auf. Eine Übertragbarkeit dieser Aufreinigungsmethode ist somit gegeben. In Abbildung 4.13 ist neben Leukrose und Isomaltose noch ein interessantes Zuckermolekül, das Glycoin, dargestellt.

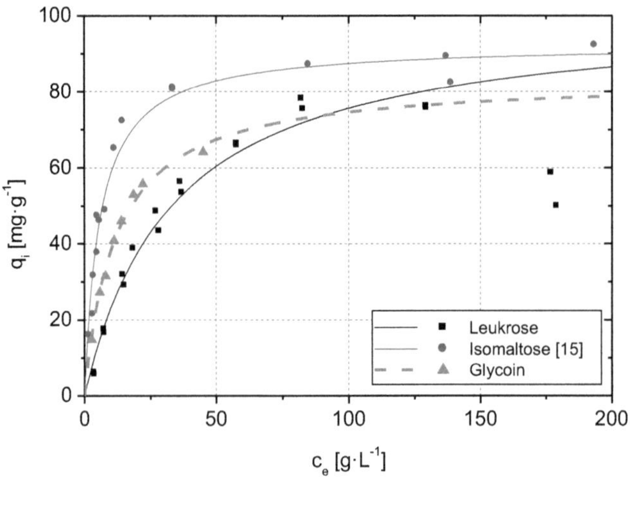

Abbildung 4.13: Adsorptionsisothermen von Leukrose, Isomaltose und Glycoin an BEA 150 bei ϑ = 30 °C, $V_L/m_{Ad} = 5\ mL \cdot g^{-1}$

Glycoin (Glucosylglycerin) besteht aus einem Glukosebaustein, der mit einem Glycerinmolekül verknüpft ist. Die dargestellte Isotherme ist keine Reinstoffisotherme, sondern wurde zusammen mit dem Molekül Glycerin aufgenommen. Dabei entstanden die verschiedenen Gleichgewichtskonzentrationen c_e durch Verdünnung einer Ausgangslösung,

d.h. in der Startkonzentration c_i lag immer das gleiche Verhältnis von Glycoin zu Glycerin vor. Glycerin, hier nicht gezeigt, wird aber deutlich schlechter adsorbiert. Glycoin (MW = 254,24 g·mol^{-1}) ist etwas leichter und kompakter als die beiden Disaccharide Leukrose und Isomaltose. Die glycosidische Bindung an Position 2 des Glukosebausteins ist wie bei Saccharose unflexibel. Der Butylrest mit zwei endständigen Hydroxylgruppen ist jedoch sehr viel kleiner als ein Fruktosebaustein, so dass die Gesamtgeometrie von Glycoin eine Adsorption in den Poren von BEA 150 zulässt. Die Reihenfolge der Affinität zeigt: Isomaltose > Glycoin > Leukrose. Eine Reinstoffisotherme von Glycoin könnte noch deutlich steiler verlaufen und eine ähnliche Ausprägung haben wie die von Isomaltose.
Aufreinigungsversuche von Glycoin aus einem Produktgemisch (Glycoin-Anteil 32%, Hauptkomponente) zeigten, dass mit dem Verfahren, welches für Isomaltose genutzt wird, eine Reinheit von über 95% erzielbar ist.

4.3 Fest-Flüssig-Trennung von BEA-Pulverzeolithen und Reaktionsüberstand

Die Aufarbeitung beginnt in diesem Prozess mit der Abtrennung des mit Sacchariden beladenen Zeolithen von der restlichen Produktionslösung. Dazu wird dem Reaktor, entweder kontinuierlich oder batchweise, ein bestimmtes Volumen entnommen.
Das Ziel der Fest-Flüssig-Trennung (FFT) ist eine möglichst gute Abtrennung der restlichen Produktlösung. Da aber im Anschluss eine Wäsche des Filterkuchens durchgeführt wird, kann diese Entfernung auch durch eine Verdrängung bzw. eine mehrfache Verdünnung erfolgen. Wenn es möglich ist, zu waschen ohne nennenswert zu desorbieren, ist die Entfernung der Restflüssigkeit nicht zeitkritisch und eine ungenügende FFT kann tolleriert werden.
Die Suspension aus Zeolith und zuckerhaltiger Produktlösung ist schwer zu trennen. Dies liegt zum einen an den Eigenschaften des Adsorbens. Der Zeolith besitzt ein weit verzweigtes Porensystem mit großer innerer Oberfläche, wo sich viel Haft-, Innen- und Adsorptionsflüssigkeit ansammeln kann. Diese Flüssigkeiten können mit mechanischen Methoden nicht entfernt werden. In diesen Räumen verbleibt somit beladene Zuckerlösung, die später bei einer Desorption die Reinheit des gewünschten Produkts reduziert. Die geringe Partikelgröße erschwert die Abtrennung dieser Restflüssigkeit, da der kapillare Eintrittsdruck mit abnehmener Partikelgröße steigt. Reicht der erzeugte Gasdifferenz- oder Zentrifugaldruck nicht aus, um den kapillaren Eintrittsdruck zu überwinden, bleiben diese Teile des Haufwerks feucht. Zum anderen ist die Produktlösung aufgrund des hohen

Zuckergehalts sehr klebrig und hat eine erhöhte Dichte und Viskosität, was die Haftkräfte der Flüssigkeitsanteile begünstigt.

In dieser Arbeit wurden verschiedene Druckfiltrationen und eine Filterzentrifugation eingesetzt. In Untersuchungen von Ergezinger [49] wurden Restfeuchten von bestenfalls 25% erzielt. Die Restfeuchte wurde durch Bestimmung des Gewichtsverlusts beim Trocknen ermittelt. Diese gravimetrische Bestimmung der Restfeuchte ist aber gerade bei der Abtrennung der Produktlösung sehr fehlerbehaftet, da der in der Flüssigkeit enthaltene Zucker mit gewogen wird. Untersuchungen an der gleichen Druckfiltereinheit mit reinem Wasser zeigten, dass die Restfeuchte bei gravimetrischer Bestimmung bei ca. 40% liegt.
Eine thermische Trocknung verbietet sich in diesem Prozess, denn zum einen könnte Zucker auskristallisieren, geschädigt werden oder zur irreversiblen Blockierung von Adsorbensporen führen. Zum anderen ist nicht der Restfeuchtegehalt die Zielfunktion, sondern die Entfernung der unerwünschten Zuckerbestandteile. Wenn es gelingt, durch eine Verdrängungswäsche die mit unerwünschten Zuckern beladene Flüssigkeit zu entfernen, ohne eine Desorption der Zielkomponente hervorzurufen, ist der Restfeuchtegehalt keine Größe, welche die Produktreinheit beeinflusst.
Neben dieser ersten Fest-Flüssig-Trennung ist nach der Desorption eine zweite Fest-Flüssig-Trennung zur Entfernung von Produktlösung aus dem Adsorbens nötig (siehe Abb. 1.1). Diese ist aufgrund der dann viel geringeren Zuckerkonzentration unproblematischer als die erste. Hierbei muss auf eine möglichst vollständige Abtrennung der Zeolithe Wert gelegt werden, denn das Adsorbens soll nicht ins fertige Produkt gelangen.
Für eine mögliche industrielle Anwendung dieses Produktionsschemas sollte die Erfahrung von Anbietern genutzt werden (z.B. BOKELA GmbH, Karlsruhe), die sich auf die Abtrennung von sehr anspruchsvollen Systemen spezialisiert haben. Es gibt Beispiele [52, 104], wo sehr feindisperse Bestandteile in großen Filterpressen von hochviskosen Medien getrennt werden. Diese Anlagen sind aber nicht in den hier benötigten Laborgrößen erhältlich. Ein Ansatz der Verbesserung liegt in der Kombination aus Gasdruck- und Zentrifugaldruckkräften. Eine Verbesserung dieser Fest-Flüssig-Trennung kann somit auch eine Verbesserung der Waschprozedur bewirken und Kosten reduzieren.

4.4 Einflussparameter auf Produktreinheit und -ausbeute

Ergezinger [49] untersuchte in seinen Arbeiten die Aufarbeitung nur am Rande. Dabei zeigte sich, dass die Prozessbedingungen, vor allem der hohe Überschuss an Glukose, zu Problemen führen. Zum einen ist die Abtrennung des feindispersen Zeolithen aus der hochkonzentrierten Zuckerlösung sehr aufwändig, wie schon im vorherigen Abschnitt erläutert wurde. Zum anderen führt Glukose, welche ebenfalls adsorbiert wird, zu Verunreinigungen des gewünschten Produkts Isomaltose, bzw. zu hohen Ausbeuteverlusten. Ergezinger [49] verwendete Filter- und Zentrifugationsmethoden und variierte die Waschwassermenge pro Adsorbens. Die Waschung des Filterkuchens fand dabei direkt im Filter bzw. der Zentrifuge statt. Die erzielten Reinheiten für Isomaltose lagen zwischen 70 und 80%. Die Ausbeuten aber nur bei ca. 25% der ursprünglich adsorbierten Menge. Diese hohen Verluste zeigen, dass es bei dieser sehr einfachen Methode offensichtlich zu einer unerwünschten Desorption des Produkts kommt. Wie in Kapitel 2.3.4 diskutiert wurde, sind die Übergänge zwischen Waschen und Desorption fließend. Eine Desorption wird durch eine Störung des Adsorptionsgleichgewichtes erreicht. Wenn man als Waschen nur das Entfernen der Flüssigkeit aus dem Porensystem definiert, könnte – wenn diese Entfernung unendlich schnell ginge und keine weitere unbeladene Flüssigkeit im Filterkuchen verbliebe – eine Desorption durch Störung des Gleichgewichtes vermieden werden. Da dies aber nicht möglich ist, führt ein Austausch der Flüssigkeit zwangsläufig zu einer Störung des Gleichgewichtes und somit zu einer Desorption. Aus dieser Betrachtung lassen sich zwei Parameter identifizieren, die einen entscheidenden Einfluss auf den Wascherfolg haben, die Waschdauer – also die Kontaktzeit mit unbeladenem Frischwasser – und die Temperatur des Waschwassers.

4.4.1 Waschbedingungen, Einfluss von Temperatur, Waschdauer und Zeolithkonzentration

Die von Hellmuth et al. [71] gefundene rekombinante Glucosyltransferase GTFR ist eine Mutante, die kaum Dextran als Polymer produziert und somit weniger Glukose benötigt. Die von Erhardt et al. [51] untersuchten Reaktionsbedingungen zeigten, dass bei 120 $g \cdot L^{-1}$ Glukose die effektivsten Bedingungen für die Produktion von Isomaltose vorliegen. Somit muss bei diesem Produktionssystem nur ein Viertel der Glukosemenge durch Waschen entfernt werden wie im Vergleichssystem, der kommerziell erhältlichen Dextransucrase DSRS.

Die Produktreinheit wird über den Anteil an Isomaltose im Desorbat per HPLC-Analyse bestimmt. Wie in Abbildung 1.1 dargestellt ist, wird in dieser Arbeit nur die Ausbeute der Aufarbeitung betrachtet. Die Aufarbeitung beginnt mit der ersten FFT. 100% Ausbeute wird erreicht, wenn der Filterkuchen nach der ersten FFT vollständig desorbiert wird. Die in der Restflüssigkeit enthaltenen Zucker werden also mitbilanziert, der abgetrennte Überstand jedoch nicht. Die Ausbeute hängt somit auch vom Erfolg der ersten FFT ab. Je weniger

Restfeuche entfernt würde, umso höher wäre die Ausbeute, aber umso geringer wäre auch die Reinheit, weil in die Restflüssigkeit hinein desorbiert würde.

$$Ausbeute = \frac{Isomaltose\ in\ Produktlösung\ (bei\ gegebenen\ Waschbed.)}{Isomaltose\ im\ Desorbat\ ohne\ Wäsche} \qquad \textbf{Gl. 4.1}$$

Abbildung 4.14 fasst das Schema der Ausbeutebestimmung in einem Blockdiagram zusammen.

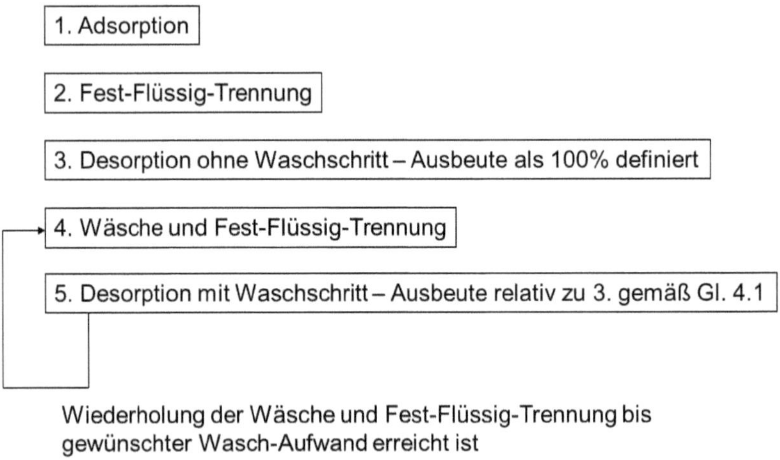

Abbildung 4.14: Blockdiagram der Ausbeutebestimmung

Im Gegensatz zu Ergezingers Arbeiten [49], wo die Kuchenwäsche direkt im Druckfilter stattfand, wurde der Filterkuchen zunächst durch Zentrifugation oder Filtration erzeugt, aus dem Gerät entfernt und in der entsprechenden Menge Waschwasser in einem Rührkessel resuspendiert. Dabei beschreibt die Dauer der Resuspendierung die Waschdauer. Durch diese Verdünnungswäsche werden die Haftbrücken zwischen den Zeolithpartikeln gelockert. Verunreinigungen an und zwischen den Partikeln können somit besser entfernt werden. Gleichzeitig besteht die Gefahr, dass Produkt durch die Verdünnungswäsche ausgetragen wird, weil sich der diffusive Stofftransport verbessert [73].

Durch den Einsatz der rekombinanten Glucosyltransferase GTFR, die mit einen Viertel der Glukosekonzentration des kommerziellen Enzyms Dextransucrase DSRS betrieben wird, erhöht dies die Reinheit bereits ohne Waschen auf 30 bis 40% (Abhängig von den genauen Reaktionsbedingungen). Dies entspricht dem Anteil an Isomaltose in der Produktlösung.

Abbildung 4.15 zeigt die Abhängigkeit der Reinheit und der Ausbeute von Temperatur und Waschdauer. Durch die ersten beiden Waschschritte lässt sich die Reinheit von 40 auf über 80% steigern. Dabei ist der Unterschied in der Reinheit zwischen langem kalten (4 °C – 60 Min.) und kurzem heißen Waschen (70 °C – 5 Min.) sehr gering. Die Ausbeute hingegen, nimmt bei kurzem heißen Waschen deutlich stärker ab. Dies zeigt, dass die Desorption hauptsächlich temperaturgetrieben erfolgt. Für die weiteren Waschschritte setzt sich dieser Trend fort, so dass nach dem fünften Waschschritt für die verglichenen Bedingungen nahezu die gleiche Reinheit von ca. 90% bestimmt wurde. Die Ausbeute unterscheidet sich aber deutlich, da es bei hohen Temperaturen zu einer vorzeitigen, ungewollten Desorption kommt.

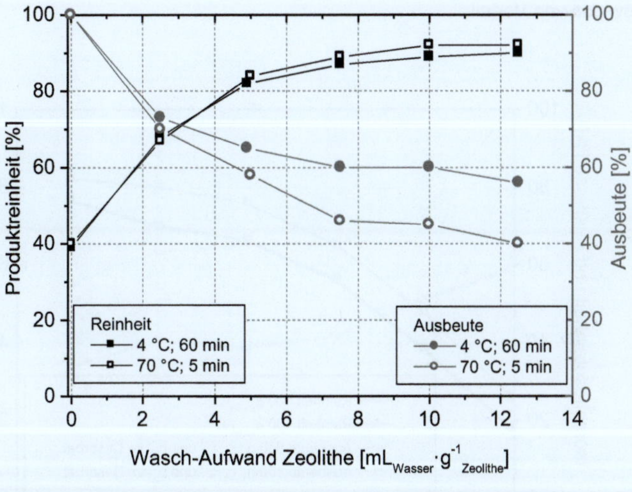

Abbildung 4.15: Aufreinigung im System GTFR

Wird für kaltes Wasser die Waschdauer variiert, so zeigt sich, dass längeres Waschen (60 Min.) zwar effektiver ist als kurzes, die Unterschiede aber so gering sind, dass die längere Dauer den geringen Nutzen nicht rechtfertigt. Somit wurden die folgenden Untersuchungen bei 4 °C und 5 Minuten durchgeführt.

Versuche mit Leitungswasser (Waschtemperatur ca. 20 °C) wurden ebenfalls durchgeführt. Der Verlauf der Aufreinigung ist dabei der Wäsche mit 4 °C kaltem Wasser sehr ähnlich. Für eine industrielle Anwendung würde demnach ungekühltes Wasser, welches deutlich günstiger ist, ausreichen.

Neben den oben beschriebenen Parametern wurden die zur Adsorption eingesetzten Zeolithmengen variiert und deren Einfluss auf Reinheit und Ausbeute untersucht, denn der Arbeitspunkt des Adsorbersystems wird durch das Solvent-Adsorbens-Verhältnis beeinflusst (siehe Abb. 2.3). Somit verschiebt sich dieser Arbeitspunkt auf der Isotherme. Bei gleicher Startkonzentration an Isomaltose sind die Zeolithe im System mit 100 $g_{Zeolith} \cdot L^{-1}$ höher beladen als Zeolithe im System mit 500 $g_{Zeolith} \cdot L^{-1}$. Da sich die gleiche Menge an Adsorptiv auf mehr Adsorbens verteilt, kann es im letzten Fall vermehrt zu Nebenadsorption von Glukose kommen. Der Extremfall 500 $g_{Zeolith} \cdot L^{-1}$ stellt das absolute Betriebsmaximum im Rührkessel dar und wurde nicht im MBRA überprüft. Grundsätzlich lässt sich mit einer höheren Menge an Adsorbens im System absolut mehr Isomaltose binden und in einem Arbeitsschritt aus dem System entfernen. Dies ist vor allem bei diskontinuierlicher Betriebsweise von Vorteil.

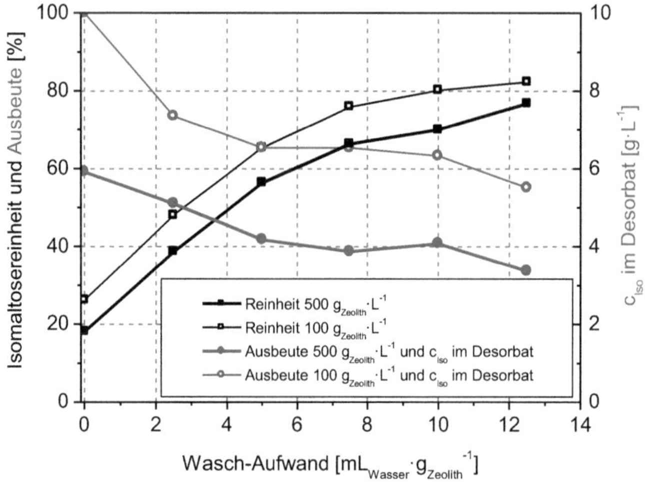

Abbildung 4.16: Reinheit und Ausbeute im System GTFR bei verschiedenen Zeolithkonzentrationen

Abbildung 4.16 zeigt den Verlauf zweier Aufreinigungsversuche bei 100 bzw. 500 $g_{Zeolith} \cdot L^{-1}$ im System. Aus der unterschiedlichen Reinheit im Desorbat ohne Waschschritt wird ersichtlich, dass bei 500 $g_{Zeolith} \cdot L^{-1}$ mehr Isomaltose aus dem System entfernt wird, denn die Reinheit liegt deutlich niedriger als im Vergleich zu 100 $g_{Zeolith} \cdot L^{-1}$. Die Reinigung zeigt dann für beide Versuche einen sehr ähnlichen Verlauf, wobei der anfängliche Unterschied bestehen bleibt. Die Ausbeute ist auf die Exzessbeladung q_i^{Ex} bezogen und beträgt für

100 $g_{Zeolith}\cdot L^{-1}$ q_i^{Ex} = 41 $mg\cdot g^{-1}$ bzw. für 500 $g_{Zeolith}\cdot L^{-1}$ q_i^{Ex} = 25 $mg\cdot g^{-1}$. Die freigesetzte Beladung aus dem Versuch 100 $g_{Zeolith}\cdot L^{-1}$ wird deshalb als 100% Ausbeute definiert. Aus der Multiplikation der Beladung mit der eingesetzten Adsorbensmasse ergibt sich für 500 $g_{Zeolith}\cdot L^{-1}$ 12 g Isomaltose als Gesamtmenge und nur 4,1 g im System 100 $g_{Zeolith}\cdot L^{-1}$. Im Falle einer diskontinuierlichen Betriebsweise wäre eine hohe Adsorbensmenge somit einer geringeren vorzuziehen, da nur eine geringfügig schlechtere Reinheit erzielt würde.

4.4.2 Einfluss des enzymatischen Systems

Die kommerzielle Dextransucrase DSRS stellt das Produktionssystem dar, welches von Ergezinger [49] untersucht wurde. Hierbei liegt eine Glukosekonzentration von 500 $g\cdot L^{-1}$ vor. Diese hohe Glukosekonzentration ist Vorteil und Nachteil zugleich. Zum einen ermöglicht der zehnfache Überschuss eine selektive und entsprechend große Produktion an Isomaltose. Zum anderen wirkt sich die Koadsorption der Glukose gerade bei hohen Konzentrationen als störend auf die Aufarbeitung aus.

Abbildung 4.17 zeigt den Verlauf der Aufreinigung der Systeme DSRS und GTFR jeweils für 500 $g_{Zeolith}\cdot L^{-1}$. Die Reinheiten zu Beginn der Aufreinigung unterscheiden sich deutlich und sind hauptsächlich im großen Unterschied in der Glukosekonzentration (GTFR 120 $g\cdot L^{-1}$, DSRS 500 $g\cdot L^{-1}$) begründet. Die Ausbeute von GTFR wird auf 100% gesetzt und ist ca. 40% größer als beim System DSRS. Im Zuge der Waschschritte zeigt sich dann, dass die Reinheit im System GTFR weniger stark ansteigt und sich um einen Wert von etwas über 80% sättigt. Mit dem System DSRS hingegen lässt sich nach einem Wasch-Aufwand von 15 $mL_{Wasser}\cdot g^{-1}_{Zeolith}$ eine Reinheit von über 90% erreichen und bis zum Ende des Waschversuches noch auf über 95% steigern.

Mit der GTFR lassen sich zwar größere Mengen Isomaltose produzieren als mit DSRS, die erreichbare Reinheit ist jedoch geringer. Der Unterschied liegt an der Selektivität der beiden Enzyme. Die DSRS produziert Isomaltose nur bei sehr hohem Glukoseüberschuss und katalysiert ansonsten ihre natürliche Reaktion, die Bildung des Biopolymers Dextran. Die S628D-Variante der GTFR hingegen hat zwar ihre Eigenschaft zur Polymerbildung verloren, ist aber bei weitem nicht so spezifisch für die Bildung von Isomaltose. Die GTFR produziert aus einem System mit reiner Saccharose als Substrat neben 12% Isomaltose auch 22% Leukrose [141]. Da Leukrose, wie in Abbildung 4.13 gezeigt wurde, ebenfalls sehr gut an BEA 150 adsorbiert, kommt es hier neben der Koadsorption von Glukose zu einer zweiten Konkurrenzadsorption von Leukrose und Isomaltose. Die Desorptionskinetiken von Isomaltose und Leukrose scheinen aber sehr ähnlich zu sein, denn im Gegensatz zur Glukosekoadsorption, welche sich durch Waschen entfernen lässt, ist hier die Verunreinigung mit Leukrose weiterhin im Desorbat zu finden.

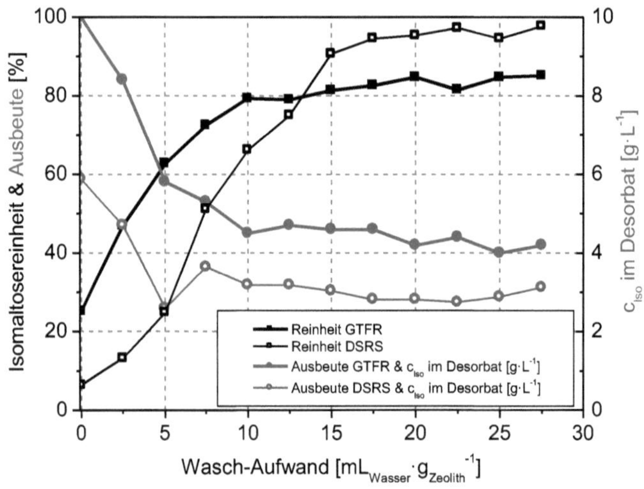

Abbildung 4.17: Vergleich der Aufreinigung für die Systeme GTFR und DSRS [77]

Dies zeigt, dass eine vermeintliche Verbesserung des Enzymsystems neue Schwierigkeiten für die Aufarbeitung bedeuten kann. Das System GTFR ist in Kombination mit dem bisher verwendeten Adsorbens BEA 150 nur bedingt zur Reindarstellung von Isomaltose geeignet, da sich die koadsorbierte Leukrose nur sehr schwer von Isomaltose abtrennen lässt.

4.4.3 Einfluss der Betriebsweise des MBRA

Der Erfolg der Aufreinigung wird auch durch die Betriebsweise des MBRAs beeinflusst. Für eine kontinuierliche Betriebsweise im MBRA sollte eine niedrige Zeolithkonzentration zu einer höheren Beladung des Adsorbens führen und so eine höhere Reinheit ermöglichen. Ausbeuteverluste können in diesem Fall durch eine Rückführung von Waschlösungen zum Produktionssystem minimiert werden. Durch Aufkonzentrierung der Waschlösung und Rückführung dieser erhöht sich die Isomaltosekonzentration im MBRA, was zu einer verbesserten Adsorption mit Isomaltose führt. Eine ähnliche Vorgehensweise schlug Ergezinger [49] vor, um die Beladung des Adsorbens zu erhöhen. Bei diesem „Recyceln“ wurde allerdings aus dem MBRA ausgeschleuste Produktlösung wieder dem Feed beigemischt und nicht eine bereits abgereicherte Waschlösung.

Neben der kontinuierlichen Betriebsweise und dem satzweisen Betrieb des MBRA ist auch ein „Fed-Batch"-Betrieb möglich. Dabei wird die Saccharosekonzentration im Reaktor in gewissen Zeitabständen durch Zugabe einer hochkonzentrierten Lösung wieder auf das ursprüngliche Niveau gebracht. Dieser Produktionsverlauf ist in Abbildung 4.18 dargestellt. Beim „Fed-Batch" kommt es somit zu einer Volumenzunahme, da keine Ausschleusung des Produkts erfolgt. Die Isomaltosekonzentration lässt sich in diesem Fall steigern und ermöglicht so eine höhere Beladung des Adsorbens. Um die Bildung von Nebenprodukten zu vermindern, wird die Zeolithkonzentration im Reaktor sukzessive mit der Saccharosezugabe erhöht.

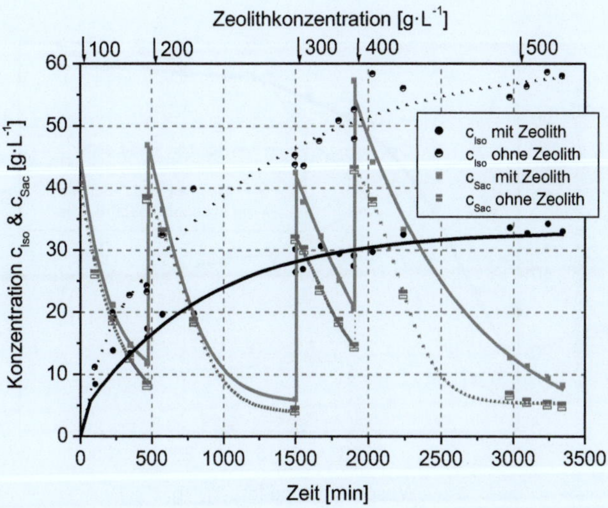

Abbildung 4.18: Produktionsverlauf im „Fed-Batch"-Betrieb. Rührkesselreaktor mit Zeolith und Referenzreaktor ohne Adsorbens, Enzym DSRS, 1,5 U·mL^{-1}, ϑ = 30 °C

Abbildung 4.19 stellt den Reinigungsverlauf nach „Fed-Batch"-Betrieb dem bereits in Abbildung 4.17 gezeigten Verlauf der DSRS bei 500 $g_{Zeolith}$·L^{-1} im „Satz"-Betrieb gegenüber. Durch den „Fed-Batch"-Betrieb ist die Reinheit der Isomaltose aufgrund der höheren Konzentration schon zu Beginn deutlich höher. In beiden Fällen zeigt sich ein nahezu linearer Anstieg der Reinheit bis 80%. Im Fall des „Fed-Batch"-Betriebs flacht der Kurvenverlauf dann stärker ab, als im „Satz"-Betrieb. Grundsätzlich kann aber von einer ähnlich hohen Reinheit von über 90% gesprochen werden.

Der Verlauf der Ausbeute bzw. der Isomaltosekonzentration c_{Iso} im Desorbat zeigt aber, dass Zeolithe aus dem „Fed-Batch"-Betrieb mehr zur Desorption der Isomaltose neigen als Zeolithe aus dem „Satz"-Betrieb. Die Abnahme der Ausbeute fällt im „Fed-Batch"-Betrieb stärker aus, zu erkennen an der Steigung des Ausbeute Verlaufs. Im „Satz"-Betrieb bleibt die Ausbeute nach einem Waschaufwand von 10 $mL \cdot g^{-1}$ nahezu konstant. Beim „Fed-Batch"-Betrieb sinkt die Ausbeute hingegen weiter von ca. 55% auf unter 40%. Die Begründung für dieses Phänomen liegt in der Steigung der Isomaltose-Isothermen und in der mit steigender Beladung geringer werdenden Adsorptionsenthalpie. Das bedeutet, dass hoch beladene Zeolithe eher zur Desorption neigen als gering beladene Zeolithe.

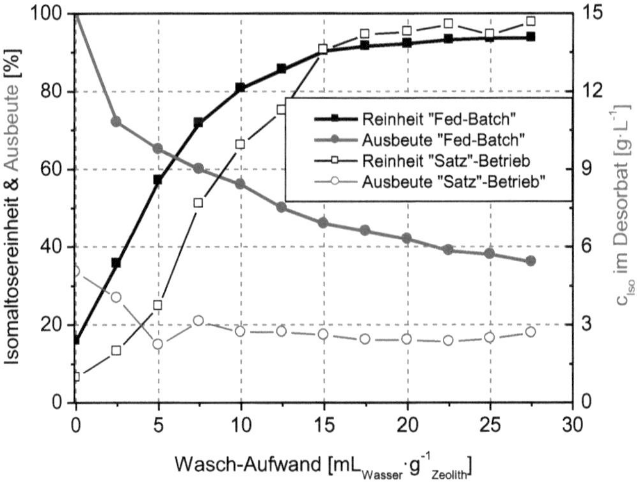

Abbildung 4.19: Aufreinigung im System DSRS nach „Fed-Batch"-Betrieb, Vergleich mit „Satz"-Betrieb

Die gemessenen Konzentrationen im „Fed-Batch"-Betrieb wurden als 100% Ausbeute definiert. Darauf wird die Ausbeute im „Satz"-Betrieb bezogen. Aus Referenzversuchen ohne Adsorbens wurde für den „Fed-Batch"-Betrieb eine Exzessbeladung $q_i^{Ex} = 50\ mg \cdot g^{-1}$ bestimmt. Für den „Satz"-Betrieb beträgt $q_i^{Ex} = 17{,}4\ mg \cdot g^{-1}$.

Der Aufreinigungsverlauf ist ein Zeichen dafür, dass mit höherer Beladung die Adsorbate weniger stark mit dem Adsorbens verbunden sind, als es für sehr geringe Beladungen der Fall ist.

Aus der Bestimmung der Adsorptionsenthalpie und der Darstellung dieser in Abhängigkeit der Sättigung (Abb. 4.9) zeigt sich, dass bei höherer Beladung, ausgedrückt durch die

Sättigung ab 60%, die Adsorptionsenthalpie verringert und somit die Energie zur Desorption eines Adsorbates kleiner wird. Die höher beladenen Zeolithe desorbieren demnach bereits bei der Aufreinigung durch Waschen. Dies führt zu höheren Ausbeuteverlusten in der Aufarbeitung. Die Rückführung des Waschwassers und des Überstandes der 1. FFT erhöht die Gesamtprozessausbeute. Auf die Ausbeute der Aufarbeitung hat sie keinen Einfluß. Der „Fed-Batch"-Betrieb erzeugt so zwar eine Isomaltosekonzentration und Isomaltosebeladung, die um den Faktor 3 größer ist als im „Satz"-Betrieb; die erzielte Endkonzentration im Desorbat ist jedoch nur noch um den Faktor 2 größer. Ein Teil des Produktionserfolges ist somit nicht direkt in der Aufarbeitung nutzbar.

Der kontinuierliche Betrieb mit Rückführung der aufkonzentrierten Waschlösungen wurde experimentell nicht untersucht. Hier sollten sich aber bei geringen Zeolithkonzentrationen die höchsten Reinheiten erzielen lassen.

Im letzten Teil dieses Abschnittes wird die Bestimmung der Ausbeute analysiert. In den gezeigten Versuchen wurde die Ausbeute relativ zu der zum Beginn des Waschversuchs vorhandenen Konzentration im Desorbat bestimmt. Bei dieser Vorgehensweise wird immer die im Filterkuchen enthaltene Flüssigkeit mit gewogen und führt somit zu einer geringeren Ausbeute. Im Vergleich dazu lässt sich eine Ausbeute berechnen, indem die Masse der Flüssigkeit rechnerisch berücksichtigt wird. Dabei wird angenommen, dass die Restfeuchte von 40% im Zeolithen für alle Waschschritte gleich bleibt.

Wie Abbildung 4.20 zeigt, verläuft die berechnete Ausbeute über der gemessenen und beträgt nach fünf Waschschritten 60%.

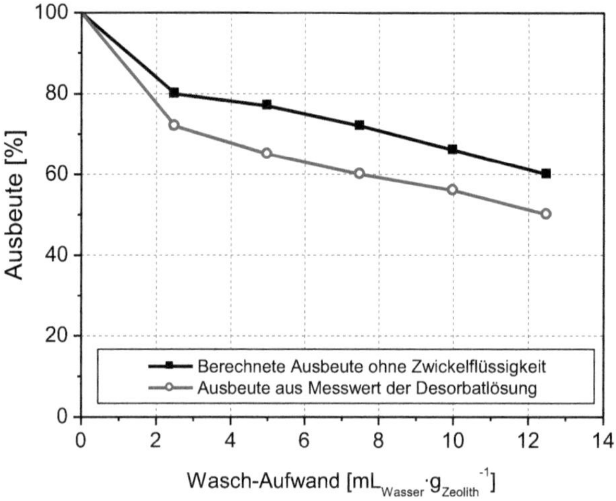

Abbildung 4.20: Vergleich der Ausbeute bei unterschiedlichen Berechnungen

Da für eine wirtschaftliche Betriebsweise Abfallströme minimiert werden sollten und sich das Wiederverwenden der Waschlösung positiv auf den Produktionsprozess auswirkt, wird der hier bestimmten Ausbeute der Aufreinigung nur eine untergeordnete Bedeutung beigemessen.

Die entscheidenden Parameter, welche die Reinheit beeinflussen, sind die Waschmitteltemperatur, welche möglichst niedrig gewählt werden sollte, und die Konzentration des Zeoliths, welche in Abhängigkeit der Betriebsweise und der gewünschten Zielsetzung variiert werden kann. Für eine möglichst hohe Reinheit sollte im kontinuierlichen Betrieb wie auch im „Satz"-Betrieb eine möglichst geringe Zeolithkonzentration gewählt werden. Steht die Menge an Isomaltose im Vordergrund, weil z.B. nur eine Nahrungsmittelapplikation geplant ist oder noch eine weitere Feinstreinigung gewünscht ist, sollte möglichst viel Zeolith im System sein, um möglichst viel Isomaltose auszuschleusen.

4.5 Desorption

4.5.1 Desorptionskinetik bei Temperaturwechsel- und Verdrängungsdesorption

Die Freisetzung des adsorbierten Produkts, die Desorption, ist für den Gesamtprozess von entscheidender Bedeutung. Die Umkehrung der Adsorption beeinflusst maßgeblich die Leistungsfähigkeit und Wirtschaftlichkeit dieser Aufreinigung durch Zeolithe.
Von den beschriebenen Desorptionsmöglichkeiten (Kap. 2.3.4) wurden die Temperaturwechsel-, die Verdrängungsdesorption und eine Kombination aus beiden untersucht. Die Auswirkungen einer Temperaturänderung von Raumtemperatur (RT) auf 70 °C ist in Abbildung 4.21 gezeigt. Dargestellt ist die Konzentration der beteiligten Saccharide im Desorbat während der Desorption in einem Rührkessel.

Zur Desorption wurden Zeolithe eingesetzt, die bereits mit drei Waschschritten vorgereinigt waren. Diese Vorgehensweise erlaubt eine genauere HPLC-Analytik, weil die Desorbatproben nicht verdünnt werden müssen. Desweiteren können noch Verunreinigungen durch Glukose und Fruktose detektiert werden. Die Kinetik dieser Saccharide ist ebenfalls sichtbar.
In den ersten 50 Stunden bei Raumtemperatur (RT) zeigen alle beteiligten Saccharide eine konstante Konzentration. Das heißt, dass die freigesetzten Saccharide bereits desorbiert sind oder aus der Haft- und Zwischenraumflüssigkeit stammen. Nach 50 Stunden wird die Temperatur auf 70 °C erhöht. Im weiteren Verlauf steigt die Konzentration der Isomaltose deutlich an. Die Konzentrationen von Glukose und Fruktose bleiben hingegen konstant. Bei Raumtemperatur hat demnach bereits eine Desorption dieser unerwünschten Komponenten stattgefunden.
Ein konstantes Niveau der Isomaltosekonzentration wird erst nach mehr als 150 Stunden erreicht. Dieses Ergebnis korreliert sehr gut mit den gemessenen Isothermen für Isomaltose und den daraus bestimmten Adsorptionsenthalpien (siehe Kap. 4.2.2). Für Isomaltose zeigt die Isotherme im Bereich niedriger Konzentrationen eine sehr ausgeprägte Steigung. Damit einher geht eine hohe Adsorptionsenthalpie. Diese Energiebarriere muss zur Desorption wieder überwunden werden und ist somit der Grund für eine hohe Temperatur, die zur Desorpiton nötig ist. Weiter wird die Isomaltose-Isotherme in Richtung Ursprung immer steiler, somit steigt auch die zur Desorption nötige Energie. Dies ist auch am Abflachen des Desorptionsverlaufs zu erkennen. Die letzten adsorbierten Moleküle desorbieren demnach erst bei sehr drastischen Bedingungen.

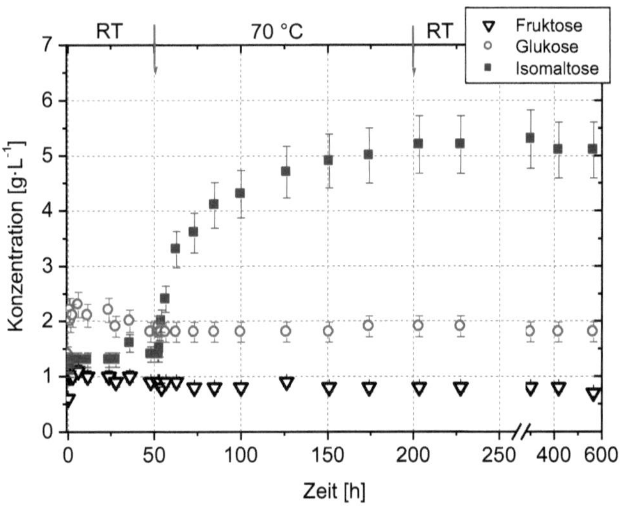

Abbildung 4.21: Desorptionskinetik in reinem Wasser mit zwei Temperatursprüngen, V_L/m_{Ad} = 2,5 mL·g^{-1} [75]

Nach 200 Stunden erfolgt ein Temperaturwechsel zurück auf Raumtemperatur. Die Konzentrationen der beteiligten Saccharide bleiben konstant. Trotz Rückkehr zum ursprünglichen Gleichgewichtszustand findet keine erneute Adsorption der Isomaltose statt. Dieses Ergebnis ist für die angestrebte Prozessführung von Vorteil. Die letztendliche Fest-Flüssig-Trennung zur Gewinnung des Eluenten kann bei Raumtemperatur erfolgen.
Die Tatsache, dass sich keine erneute Adsorption von Isomaltose bei der Rückkehr zur Raumtemperatur einstellt, kann durch eine Beladung der Poren z.B. durch Wasser erklärt werden. Der Einfluss der Wasseradsorption wird in Abschnitt 4.6.2 diskutiert.

Die Temperatur, bei der die Desorption stattfindet, ist ein entscheidender Kostenfaktor für die Aufarbeitung. Hier muss ggf. ein Optimum in Abstimmung mit den jeweiligen örtlichen Gegebenheiten einer möglichen Produktionsanlage gefunden werden. Abbildung 4.22 zeigt, wie sich die Kinetik für 50 °C und 70 °C in Wasser unterscheiden.

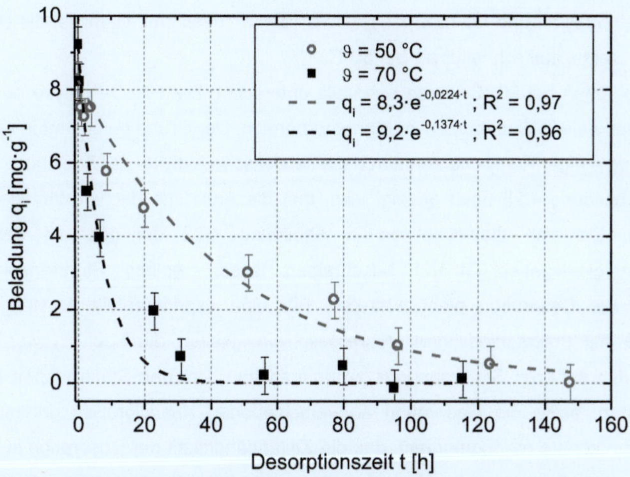

Abbildung 4.22: Vergleich der Desorptionskinetik an BEA 150 bei ϑ = 50 °C und 70 °C in reinem Wasser, $V_L/m_{Ad} = 2{,}5$ mL·g^{-1} [77]

Dargestellt ist die Beladung des Adsorbens mit Isomaltose über der Desorptionszeit. Die Beladung q_i wird aus der im Überstand gemessenen Konzentration berechnet. Die Startbeladung $q_{i,0}$ zum Zeitpunkt t = 0 s wird aus der Konzentration zum Versuchsende berechnet. Dabei wird unterstellt, dass während der Kinetik eine vollständige Desorption stattfindet. Es erfolgt somit keine Adsorption und die zeitliche Änderung der Beladung q_i lässt sich wie folgt beschreiben:

$$\frac{dq_i}{dt} = -k_{-1} \cdot q_i \qquad \textbf{Gl. 4.2}$$

Für die Anwendung der Gl. 4.2 wird unterstellt, dass der Stofftransport im Porensystem beliebig schnell ist - bzw. die Adsorption nur am Porenmund stattfindet und kein Stofftransportwiderstand im Porensystem vorliegt. Weiter spielt der äußere Stoffübergang keine Rolle, da es sich um einen turbulent durchmischen Rührkessel handelt.

Als Lösung dieser Differentialgleichung folgt:

$$q_i = q_{i,0} \cdot e^{-k_{-1} \cdot t} \qquad \textbf{Gl. 4.3}$$

Für die Bestimmung der Desorptionsgeschwindigkeitskonstante k_{-1} wird eine nichtlineare Regression mittels Solver gelöst. Die Startbeladung $q_{i,0}$ ist dabei konstant. Für 50 °C wurde $k_{-1,50°C} = -0{,}0224\ h^{-1}$ und für 70°C $k_{-1,\ 70°C} = -0{,}1374\ h^{-1}$ bestimmt. Damit ist die Desorption bei 70 °C ca. sechs mal schneller als bei 50°C.

Eine Desorption bei 90 °C wurde ebenfalls untersucht. Die HPLC-Analyse des Desorbates zeigte aber weitere Substanzen im Monomerbereich. Der Grund dafür liegt in einer reaktiven Umsetzung einiger Komponenten durch die katalytische Aktivität der Zeolithe.

Wie in Abbildung 4.25 noch gezeigt wird, trifft die Annahme der vollständigen Desorption nicht zu. Da sich die Kinetiken in Abbildung 4.22 dennoch mit dem einfachen Geschwindigkeitsgesetz (Gl. 4.2) beschreiben lassen, sollten Stofftransporthindernisse während der Desorption nicht auftreten. Für eine experimentelle Bestätigung könnten Versuche mit unterschiedlichen Rührergeschwindigkeiten durchgeführt werden, um den Einfluss des äußeren Stofftransports zu untersuchen. Um den Stofftransport im Kristall zu untersuchen, sollte die Desorption an verschiedenen Kristallgrößen untersucht werden. Ausserdem könnte ein Experiment, das die Zeitabhängigkeit der Desorption in Abhängigkeit der vorherigen Zeitdauer zur Adsorption untersucht, hilfreich sein. Letztendlich sollten diese Experimente auch zur Klärung des genauen Ortes der Adsorption nützlich sein. Denn bisher handelt es sich bei der Aussage, die Adsorption findet in der Zeolithpore statt, noch um eine Vermutung. Ein erstes Experiment, das diese Desorption in Abhängigkeit der zuvorigen Adsorptionsdauer untersucht, zeigte keinen Einfluss auf die Geschwindigkeit der Desorption. Dies könnte bedeuten, dass Isomaltose nicht ins Innere des Kristalls wandert und die Adsorption am Porenmund oder aber sogar an der äußeren Oberfläche stattfindet. Gegen letzteres spricht allerdings die hohe Selektivität der Adsorption von Isomaltose und die, im Vergleich zur Adsorption und Desorption von Glukose, lange Desorptionsdauer.

Ein weiterer Grund für die Annahme, dass keine Adsorption erfolgt, wird in Abbildung 4.28 noch gezeigt. Die Zeolithe verlieren durch den Kontakt mit Pufferlösung allmählich an Kapazität für Isomaltose.

Die von Ergezinger [49] vorgeschlagene Verdrängungsdesorption durch Zugabe von Ethanol bei Raumtemperatur zeigte in eigenen Untersuchungen keine signifikante Freisetzung der Isomaltose. Für höhere Temperaturen konnte durch Zugabe von Ethanol eine höhere Isomaltosekonzentration im Desorbat erzielt werden. Wie Abbildung 4.23 zeigt, unterscheiden sich die Desorptionskinetiken aber kaum.

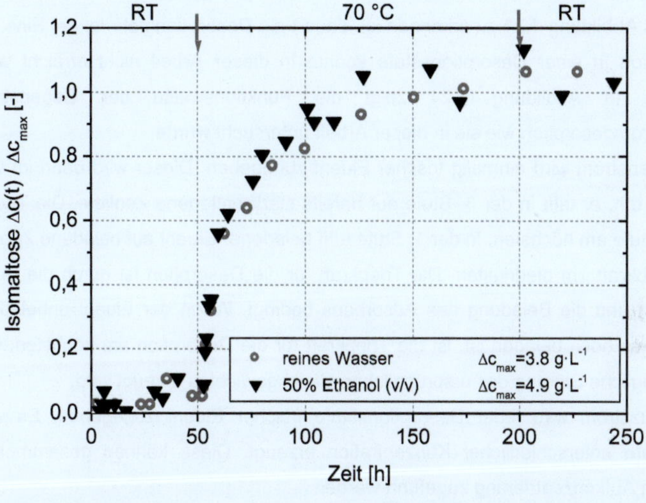

Abbildung 4.23: Vergleich der Desorption in reinem Wasser und 50% (v/v) Ethanol [75]

Mit Ethanol ist somit zwar eine bessere Entladung möglich ist, dafür muss ein weiterer Stoff aus dem System entfernt werden, was zusätzlichen Aufwand bedeutet. Die Desorption in reinem Wasser hingegen ist möglich und für eine spätere Formulierung der Isomaltose unkritisch.

4.5.2 Verfahrensauswahl – Gegenstrom, Kreuzstrom

Das Desorptionsverfahren hat zwei Zielfunktionen:

1. der Zeolith soll bei der Desorption vollständig entladen werden.
2. das Desorbat soll eine möglichst hohe Konzentration an Produkt enthalten, um die abschließende Formulierung zu vereinfachen.

Letzteres ist von untergeordneter Bedeutung, da diese reaktionsintegrierte Adsorption bisher keine Feinstreinigung (≥ 99%) zulässt. Die vollständige Desorption ist aber Voraussetzung für die Wiederverwendung der Zeolithe. Dies liegt daran, dass die Zeolithe für eine erneute Adsorption getrocknet und bei 400°C aktiviert werden müssen (siehe Abb. 4.26), um ihre Fähigkeit zur Adsorption von Isomaltose zu erhalten. Wenn sich dabei noch Zuckerreste im

Zeolithen befinden, können diese zu einer Verkokung und somit zu einer Zerstörung der Porenstruktur führen.

Wie aus Abbildung 4.21 zu erkennen ist, dauert die Desorption sehr lange. Eine vollständige Desorption in einer Desorptionsstufe konnte in dieser Arbeit nicht erreicht werden. Das Schema in Abbildung 4.24 zeigt die Funktionsweise der Gegenstrom-, bzw. Kreuzstromdesorption wie sie in dieser Arbeit untersucht wurde.

Im Gegenstrom wird einmalig frischer Eluent zugegeben. Dieser wird dann im Gegenstrom geführt, d.h. er trifft in der 3. Stufe auf bereits stark entladene Zeolithe. Die Triebkraft ist in der 3. Stufe am höchsten. In der 1. Stufe trifft beladener Eluent auf beladene Zeolithe, hier ist die Triebkraft am niedrigsten. Die Triebkraft für die Desorption ist durch die Beladung des Eluenten und die Beladung des Adsorbens bedingt. Wenn der Eluent unbeladen und das Adsorbens hoch beladen ist, ist die Triebkraft für die Desorption am höchsten, weil so eine größtmögliche Störung des ursprünglichen Gleichgewichtes erzeugt wird.

Im Kreuzstrom wird jeder Desorptionsstufe frischer Eluent zugegeben. Es werden drei Desorbate unterschiedlicher Konzentration erzeugt. Diese können gesammelt und einer weiteren Aufkonzentrierung zugeführt werden.

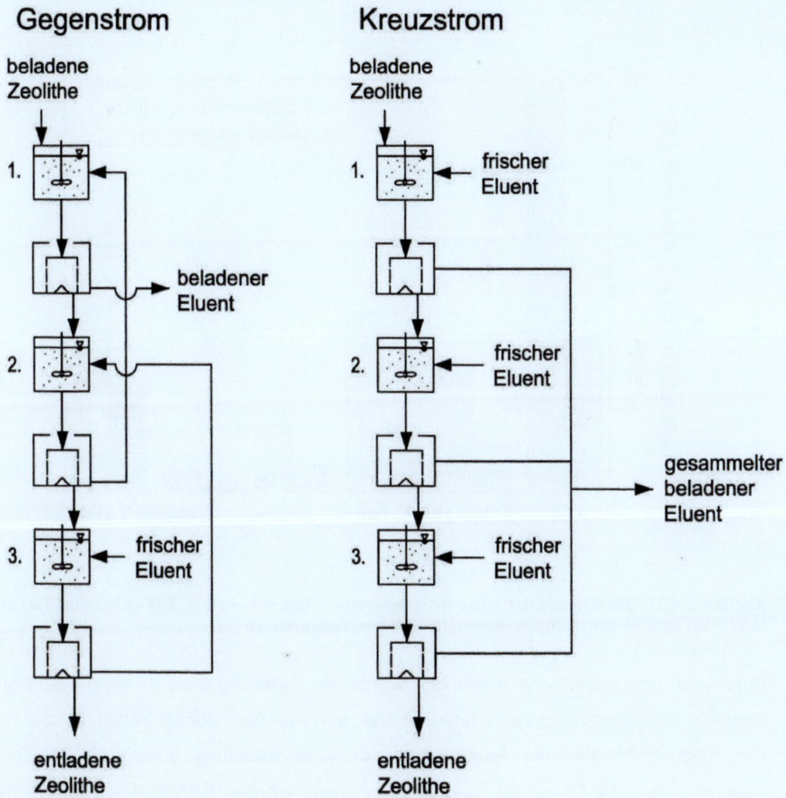

Abbildung 4.24: Schema Gegenstrom- und Kreuzstromdesorption

Abbildung 4.25 zeigt die Bilanzierung einer Kreuzstromdesorption in einem Balkendiagramm. Es sind die Summe der Wasch- und Desorptionsschritte und die aus der vorangegangen Adsorption ermittelte Gleichgewichtsbeladung q_i dargestellt.

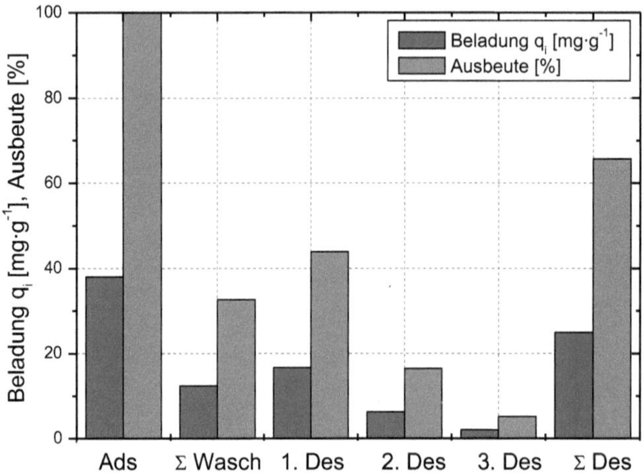

Abbildung 4.25: Bilanzierung der Kreuzstromdesorption, Ads: Adsorption, Σ Wasch: zehn Waschschritte, Des: Desorptionsstufen, Σ Des: Summe aller drei Desorptionsstufen [77]

Durch die vorangegangene Adsorption wurde die Beladung q_i zu 38 mg·g^{-1} bestimmt. Mit Kenntnis des Desorptionsvolumen und der gemessenen Konzentration wurde für jede Desorptionsstufe die vom Adsorbens freigesetzte Beladung berechnet. Zwischen der Adsorption und der Desorption wurden zehn Waschschritte (Σ Wasch) mit Wasser bei 4 °C durchgeführt. Für die Kreuzstromdesorption wurde jeweils unbeladenes Wasser als Eluent verwendet. Die Desorption jeder Stufe wurde für zwei Tage bei 70 °C durchgeführt.

Das Ergebnis zeigt, dass mindestens drei Desorptionsstufen zur vollständigen Desorption nötig sind. Durch die zehn Waschstufen kann der Anteil an Saccharid in der Zwischenraumflüssigkeit vernachlässigt werden. In allen drei Desorptionsstufen wurde durch eine Bestimmung der Startkonzentration festgestellt, dass bei Raumtemperatur keine Desorption von Isomaltose erfolgte. Die gemessene Isomaltosekonzentration nach der Desorption muss somit von den desorbierten Molekülen stammen und nicht von Restzucker aus der Zwischenraumflüssigkeit.

Dieses Ergebnis zeigt weiter, dass die Auslegung einer effizienten Desorption aufgrund der sehr stark gebundenen Moleküle im niedrigen Beladungsbereich sehr schwierig ist. Durch weitere Stufen einer Kreuzstromdesorption könnte die Desorptionsdauer je Stufe verkürzt werden. Dies könnte in der Summe auch die Gesamtdesorptionsdauer reduzieren, weil in den einzelnen Stufen eine höhere Triebkraft vorliegt.

Für eine Gegenstromdesorption, die für eine höhere Produktkonzentration im Desorbat wünschenswert ist, wird eine höhere Anzahl an Desorptionsstufen benötigt. Dies liegt daran, dass ein beladender Eluent eine geringere Triebkraft zur Desorption besitzt, als ein unbeladener Eluent.

Wie im vorherigen Abschnitt beschrieben, kann durch die Zugabe von Ethanol die erzielbare Endkonzentration in der Desorption erhöht werden. Versuche im Kreuzstromverfahren zeigten, dass mit 5% Ethanol-Anteil (v/v) im Eluenten eine Desorptionsstufe eingespart werden kann. Der Einsatz von Ethanol erzeugt aber neue verfahrenstechnische Probleme, weil Ethanol durch eine Destillation wieder entfernt werden muss. Eine weitere Betrachtung der Ethanol-Zugabe wurde deshalb nicht durchgeführt.

4.6 Wiederverwendung der Zeolithe

Die mehrfache Verwendung des Adsorbens ist schon aufgrund der teuren BEA-Zeolithe zwingend erforderlich. Mit einem durchschnittlichen Preis von ca. 35 €$\cdot$kg^{-1} Zeolith und einer zu erwartenden Beladung von ca. 20 mg$\cdot$g^{-1} würden die Zeolithe ein Gramm Produkt schon mit 1,75 € belasten. Derzeit ist Isomaltose nur zu sehr hohen Preisen von 154 €$\cdot$g^{-1} (Cosmo Bio Co., LTD, Japan, 2010) bis 620 €$\cdot$g^{-1} (Sigma-Aldrich, 2010) erhältlich. Der hier beschriebene Prozess könnte eine günstigere Produktion ermöglichen. Voraussetzung dafür ist jedoch eine Wiederverwendung der BEA-Zeolithe.

4.6.1 Einfluss der Konditionierung auf die Wiederverwendung

Die BEA-Zeolithe werden durch Behandlung mit NaCl und Einstellung des pH-Wertes auf den Einsatz im enzymatischen Milieu vorbereitet. Diese Konditionierung (Kap. 3.5) beinhaltetet als letzte Schritte eine Trocknung bei 80 °C über Nacht und eine abschließende Aktivierung bei 400 °C für vier Stunden im Glühofen. Nach dieser Behandlung ist keine Flüssigkeit mehr im Porensystem der Zeolithe vorhanden.

Die Fragestellung für die Wiederverwendung der Zeolite ist, ob diese Konditionierung nach jedem abgeschlossenen Ad- und Desorptionszyklus erneut durchgeführt werden muss, oder ob ggf. einzelne Schritte ausgelassen werden können. Für die Untersuchung dieser Frage wurden Isothermen mit Isomaltose an unterschiedlich behandelten Zeolithen durchgeführt.

In Abbildung 4.26 sind Isothermen der Zeolithe nach verschiedenen Behandlungen im niedrigen Konzentrationsbereich für Isomaltose dargestellt. Erwartungsgemäß zeigen die Zeolithe „neu“ die höchste Beladung. Der Einfluss der Natriumionen wird bei den beiden verschieden behandelten Zeolithen deutlich, die bereits einen kompletten Zyklus durchlaufen haben. Zeolithe „ohne Na^+“ adsorbieren noch deutlich schlechter als Zeolithe „Na^+“, die ihrerseits bereits einen Kapazitätsverlust im Vergleich zu den Zeolithen „neu“ aufweisen. Der Verlauf der Isotherme für Zeolithe „getrocknet“ zeigt, dass die vorhandene Restfeuchte im Zeolithen einen Einfluss auf die Adsorptionskapazität hat. Ohne Aktivierung der Zeolithe bei 400 °C für vier Stunden verlieren diese fast vollständig die Eigenschaft, Isomaltose zu adsorbieren.

Natriumionen befinden sich an den Aluminiumatomen im Zeolithgitter, um die negative Ladung an diesen Gitterfehlstellen zu kompensieren. Diese für die Adsorption von Sacchariden wichtigen Al-Zentren werden durch die Wahl des Kations in ihrer Größe beeinflusst [30, 29]. Es existieren verschiedene Veröffentlichungen [26, 72, 147, 154], die den Einfluss von Kationen auf die Selektivität für Saccharide an verschiedenen Zeolithen untersuchen.

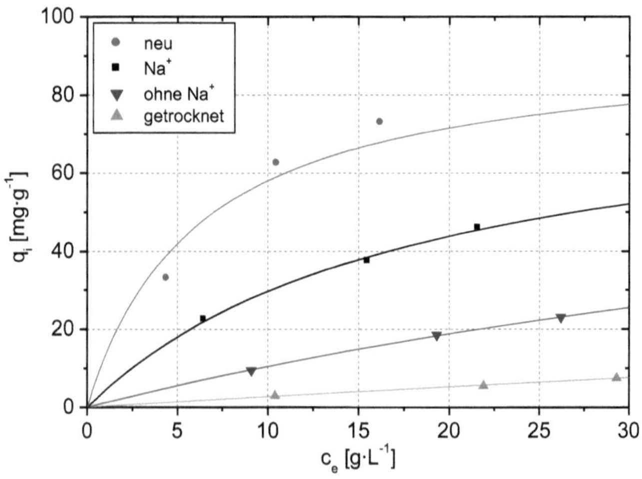

Abbildung 4.26: Wiederverwendung von BEA 150, Isomaltose Isothermen für Zeolithe nach verschiedenen Behandlungen, ϑ = 30 °C, V_L/m_{Ad} = 5 mL g^{-1}, Beschreibung der Zeolithe (vgl. Tab. 4.5) [77]

Die Beschreibung der Behandlung und die Langmuir-Parameter sind in Tabelle 4.5 zusammengefasst. Der Vergleich mit den Werten aus Tabelle 4.4, in der die Isothermendaten für verschiedene Temperaturen dargestellt sind, zeigt, dass die Adsorptionsgleichgewichts-konstante $K_{i,L}$ für Zeolithe nach Na^+ Behandlung der Isotherme bei 50 °C gleichkommt.

Für BEA-Zeolithe zeigte sich, dass Natrium einen positiven Einfluss auf die Adsorptionseigenschaften hat. Wird hingegen ein Kationenaustausch mit Calcium durchgeführt, reduziert sich die Beladung für Isomaltose an BEA-Zeolithen deutlich.

Tabelle 4.5: Beschreibung der Zeolithbehandlung und Langmuir-Parameter von Isomaltose bei der Adsorption von wiederverwendeten Zeolithen BEA 150 [77]

Zeolith	Beschreibung	$q_{i,max}$ [mg·g^{-1}]	b_i [L·g^{-1}]	$K_{i,L}$ [mL·g^{-1}]
neu	fabrikneue BEA-Zeolithe • vollständige Konditionierung	93,5	0,163	15,3
Na^+	Zeolithe nach 1. Ad- und Desorptionszyklus, • vollständige Konditionierung	83,8	0,055	4,6
ohne Na^+	Zeolithe nach 1. Ad- und Desorptionszyklus, • ohne NaCl-Behandlung, • getrocknet und aktiviert	89,8	0,013	1,2
getrocknet	Zeolithe nach 1. Ad- und Desorptionszyklus, • ohne NaCl-Behandlung, • nur getrocknet	59,6	0,005	0,3

Tabelle 4.6. zeigt die Exzessbeladung q_i^{Ex} für Zeolithe nach verschiedenen Behandlungen. Die höchste Beladung erzielen neue Zeolithe, die vollständig konditioniert wurden. Als Kontrolle zeigen fabrikneue Zeolithe, die nicht konditioniert wurden, eine Reduzierung der Beladung um ca. 20%. Produktionsbedingte Rückstände können die Gründe für diese Abnahme sein. Für einen direkten Einsatz im MBRA sind fabrikneue Zeolithe ungeeignet, da sie einen zusätzlichen Aufwand für die Steuerung des pH-Werts erfordern.

Bereits eingesetzte Zeolithe zeigen bei einem Na^+-Austausch eine höhere Beladung als nach einer Behandlung mit Ca^{++}.

Tabelle 4.6: Exzessbeladung bei verschiedener Zeolithbehandlung, Adsorption aus Produktlösung, Isomaltosekonzentration 25 g·L^{-1}, Isomaltoseanteil am Gesamtzucker 13%

BEA-Zeolithprobe	Exzessbeladung q_i^{Ex} [mg·g^{-1}]
neu, konditioniert	51 . . . 53
fabrikneu, unbehandelt	43
1 mal desorbiert + Na^+-Austausch	28 . . . 31
1 mal desorbiert + Ca^{++}-Austausch	6 . . . 10

Im verwendeten enzymatischen Produktionssystem sind 25 mM Calcium-Acetat vorhanden, so dass es auch während der Produktion zu einem Kationenaustausch von Natrium zu Calcium kommen kann. Zur Charakterisierung der Ionenstärke wird das Verhältnis Ladung/Radius verwendet. Dieses ist für $Na^+ \approx 0{,}9$ Å^{-1} und für $Ca^{++} \approx 1{,}75$ Å^{-1} [154]. Ca^{++} ist somit stärker als Na^+ und verdrängt dieses schon bei sehr milden Bedingungen. Die Bindung ist jedoch reversibel. Ist Natrium in genügend hohen Konzentrationen vorhanden, kann Ca^{++} wieder aus den aktiven Al-Zentren verdrängt werden.

Zahlreiche Publikationen beschreiben unterschiedliche Vorgehensweisen bei der Konditionierung der Zeolithe, je nach Art der Anwendung und Zielsetzung [69, 107, 124, 146, 147]. Die hier gewählten Bedingungen von 70 °C für eine Stunde in 0,2 M NaCl entsprechen dem Protokoll von Berensmeier et al. [15] und Ergezinger [49] und stellen eine vergleichsweise milde Methode dar. Die Parameter, die maßgeblichen Einfluss auf den Austauschgrad der Kationen haben, sind die Salzkonzentration, die Temperatur und die Dauer des Austauschvorgangs. Eine Modifizierung der Bedingungen (1 M NaCl, ϑ = 105 °C, 4 Stunden und dreimalige Wiederholung der Prozedur) zeigt, dass eine nahezu vollständige Reaktivierung der BEA-Zeolithe über mehrere Zyklen möglich ist. Abbildung 4.27 stellt die Beladung q_i mit Isomaltose über der Zahl der Adsorptionszyklen dar.

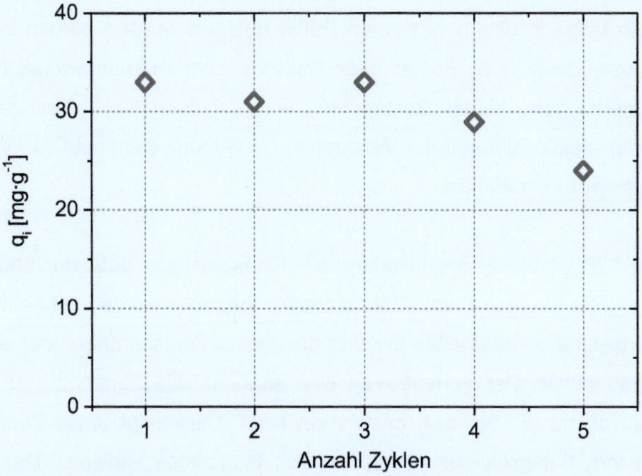

Abbildung 4.27: Isomaltosebeladung in Abhängigkeit der Adsorptionszyklen, nach Konditionierung mit modifizierten Bedingungen (1 M NaCl, ϑ = 105 °C, 4 h, 3 x Wiederholung) [77]

Für eine industrielle Anwendung ist die Anzahl der untersuchten Zyklen noch zu gering, um eine Aussage über die Dauer der Einsetzbarkeit machen zu können. Hier müssen weitere Untersuchungen durchgeführt werden. Den Kosteneffekt soll folgende Annahme verdeutlichen: einmalige Benutzung der Zeolithe würde das Produkt Isomaltose, wie oben bereits beschrieben, mit 1,75 €·g^{-1} belasten. Bei zehn Zyklen könnten z.B. 0,2 €·g^{-1} (Berücksichtigung zusätzlicher Kosten durch Mehraufwand) erreicht werden. Wenn 100 Zyklen möglich wären, würde der Zeolith ein Gramm Isomaltose nur noch mit 0,02 €·g^{-1}, entspricht 20 €·kg^{-1}, belasten. Diese Größenordnung entspricht der Preisvorstellung für eine industrielle Anwendung im Bereich „Functional Food".

4.6.2 Lagerstabilität und Aktivitätsverlust der Zeolithe in wässrigen Lösungen

Im Kapitel 4.5.1 wurde im Versuch der Desorptionskinetik bei der Absenkung zurück zur Raumtemperatur keine erneute Adsorption von Isomaltose am BEA-Zeolithen beobachtet. Diese Inaktivierung der Zeolithe kann durch eine Besetzung der Poren mit Wasser verursacht werden. Die Inaktivierung durch Wasseradsorption ist bei Gasphasen-anwendungen von Zeolithen ein Problem. Die Zeolithe werden daher in regelmäßigen Abständen regeneriert.

Um den Einfluss der Wasserkontaktzeit auf die Adsorptionsfähigkeit von BEA-Zeolithen zu erfassen, wurden Adsorptionsuntersuchungen durchgeführt, in denen die Zeolithe zuvor unterschiedlich lange in einem wässrigen Puffer gelagert wurden. Neben Wasser könnten auch Pufferbestandteile, z.B. Acetat oder Calcium, zum Aktivitätsverlust beitragen. Eine genauere Untersuchung dieser Bestandteile wurde jedoch nicht durchgeführt, weil die Anwendung der reaktionsintegrierten Adsorption ein Puffersystem mit Calcium erfordert, um das Enzymsystem zu stabilisieren.

In Abbildung 4.28 ist die Exzessbeladung q_i^{Ex} für Isomaltose über der Lagerungszeit der Zeolithe in Puffer aufgetragen. Bei diesem Versuch wurde mit einer konstanten Isomaltosekonzentration gearbeitet, die den gelagerten Zeolithen nach der entsprechenden Zeit zugegeben wurde. Der Verlauf zeigt eine exponentielle Abnahme, aus der sich eine Halbwertszeit von ca. 50 Stunden bestimmen lässt. Dies zeigt, dass Zeolithe in diesem Puffersystem ihre Fähigkeit zur Adsorption von Isomaltose verlieren. Der gleiche Effekt könnte bei der noch länger andauernden Desorptionskinetik für die fehlende Readsorption bei Rückkehr zur Raumtemperatur verantwortlich sein.

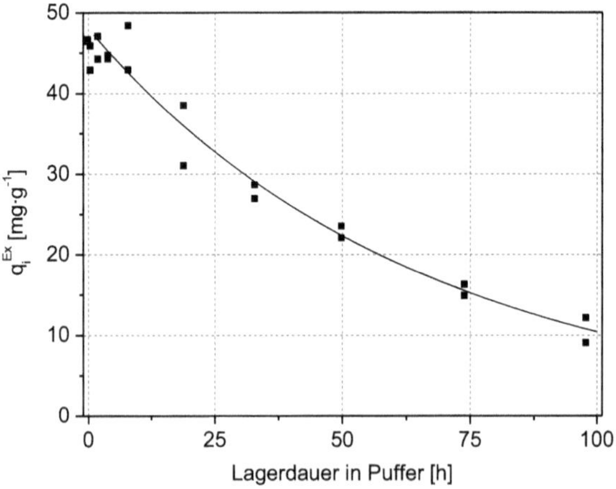

Abbildung 4.28: Isomaltosebeladung q_i^{Ex} von BEA 150 in Abhängigkeit der Lagerungszeit in Pufferlösung, $c_i = 20$ g L^{-1}, $\vartheta = 30$°C [75]

Für die Prozessführung hat dies als Konsequenz, dass die konditionierten Zeolithe nicht im Puffersystem gelagert werden können, da sie sonst nach kurzer Lagerdauer an Kapazität verlieren. Die Zeolithe müssen trocken aufbewahrt werden. Eine Zumischung zum Feed-Strom sollte nach Möglichkeit erst kurz vor Eintritt in den MBRA erfolgen.

Dieser Effekt der Alterung tritt auch bei einer möglichen säulenchromatographischen Anwendung der Zeolithe in Erscheinung (Abb. 10.5 - Anhang). Durch die höheren Drücke wird die Alterung beschleunigt, so dass bereits nach sieben Stunden keine Trennleistung einer mit BEA-Zeolithen gefüllten Säule bei der Trennung von Isomaltose und Saccharose mehr beobachtet wurde [75].

5 Festbettanwendung

In industriellen Prozessen werden vergrößerte Adsorbenspartikel häufig bevorzugt. In vielen Fällen können durch Extrudate Festbettanwendungen realisiert werden. Gegenwärtig ist das Produktionssystem MBRA mit BEA-Zeolithen im Wirbelbett auf maximale Isomaltoseproduktion optimiert. Im Kapitel 4 ist beschrieben, dass es aber aufgrund der feindispersen Zeolithslurry zu einer schwierigen Fest-Flüssig-Trennung kommt. Für den hier beschriebenen Prozess der Isomaltoseproduktion ist eine Adsorption im Festbett eine interessante Alternative, weil so die Problematik der Fest-Flüssig-Trennung umgangen werden kann (vgl. Kap. 4.3 und 4.4).

Für die Vergrößerung von Adsorbenspartikeln gibt es je nach Anwendung unterschiedliche Methoden. Die Extrusion ist dabei aber die wichtigste für die Herstellung von Festbettkatalysatoren [57]. Die Vergrößerung kann die Eigenschaften des Adsorbens verändern, z.B. durch zusätzliche Bindemittel und neue Porenstrukturen. Die Eigenschaften der Extrudate können sich somit vom Zeolithpulver unterscheiden. Als Konsequenz muss eine genauere Charakterisierung des vergrößerten Adsorbens erfolgen.

5.1 Charakterisierung der Extrudate durch Quecksilberintrusion und Bestimmung der BET-Oberfläche

In dieser Arbeit wird ein Aluminium-Phosphat-Binder, welcher durch einen Sinterprozess mit den Zeolithkristallen verbunden wird, untersucht. Diese neuartige Matrix wurde am Institut für Chemische Verfahrenstechnik der Universität Karlsruhe (TH) entwickelt und am Zeolithen ZSM-5 beispielhaft charakterisiert [57]. Aus Erfahrungswerten wurde ein Bindemittelanteil von 50% gewählt, da dieser ausreichende Stabilität bei vergleichsweise geringen Verlusten an Adsorptionskapazität bedeutete.

Wie von Freiding et al. [57] beschrieben, handelt es sich bei der Aluminium-Phosphat-Sintermatrix um ein nahezu inertes Material, welches nicht zur gemessenen BET-Oberfläche beiträgt. Durch diesen Binder wurde in Zeolithen ZSM-5 eine starke Abnahme der katalytischen Aktivität, hervorgerufen durch einen Verlust an Acidität, beobachtet. Diese Tatsache ist für den hier angestrebten Prozess von Vorteil, da die ursprünglichen pulverförmigen BEA-Zeolithe an das pH-Optimum der Enzymreaktion angepasst werden müssen. Diese Eigenschaften sind für einen Betrieb im externen Festbett von Vorteil, da kein Regelungsbedarf für eine pH-Wertanpassung erforderlich ist.

Aufgrund der einfacheren Handhabung wurden die stäbchenförmigen Extrudate in ihrer produktionsbedingten zylindrischen Struktur belassen und nicht weiter zerkleinert. Die

Extrudate in dieser Arbeit haben einen Durchmesser von ca. 1 mm, bei einer Länge von 5 bis 10 mm.

Durch Quecksilberintrusion wurde eine zusätzliche Porenstruktur im Makroporenbereich (d_{Por} ≈ 90 nm) festgestellt (Abb. 5.1).

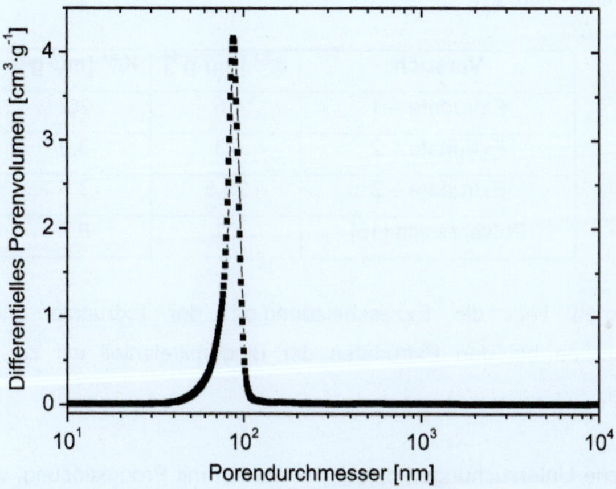

Abbildung 5.1: Differentielles Porenvolumen von Extrudaten, 50% BEA 150, durch Quecksilberintrusion [76]

Diese sehr enge monomodale Porenverteilung wurde auch an ZSM-5 –Extrudaten gefunden [57]. Für die Adsorptionskapazität sollten diese Poren aufgrund der Größe nicht von Bedeutung sein. Sie können aber den Stofftransport in den Extrudaten beeinflussen.

Die BET-Oberfläche wurde durch Einpunktmessungen in Doppelbestimmung durchgeführt und ergab für die Extrudate eine spezifische Oberfläche von 239 $m^2 \cdot g^{-1}$. Für pulverförmige BEA 150 Zeolithe wurden 424 $m^2 \cdot g^{-1}$ gemessen. Die Oberfläche der Extrudate beträgt demnach ca. 56% der Oberfläche von BEA 150 Zeolithen. Dieses Ergebnis (Bindemittelanteil 50%) korreliert gut mit den Beobachtungen von Freiding et al. [57], dass die Aluminium-Phosphat-Sintermatrix nicht mit zur BET-Oberfläche beiträgt.

5.2 Extrudate: Isothermen, Adsorptionsenthalpien und Sorptionskinetiken

Wie für BEA 150 Pulverzeolithe wurden die ersten Untersuchungen der Extrudate mit reiner Isomaltoselösung bei sehr niedrigen Konzentrationen (c_i = 10 $g \cdot L^{-1}$) durchgeführt. Dabei wird angenommen, dass Henry-Verhalten vorliegt, die Beladung q_i somit linear mit der Gleichgewichtskonzentration c_e verknüpft ist. Wie die Tabelle 5.1 zeigt, ergeben sich für mehrere Durchführungen dieser Versuche stark unterschiedliche Ergebnisse. Diese Methode ist nur bedingt für die Auswahl eines Adsorbens geeignet.

Tabelle 5.1: Exzessdaten für Extrudate und Pulverzeolithe für die Adsorption von Isomaltose (ϑ = 30 °C, $c_i = 10\ g\cdot L^{-1}$, $V_L/m_{Ad} = 5\ mL\cdot g^{-1}$)

Versuch	q_i^{Ex} [mg·g⁻¹]	K_i^{Ex} [mL·g⁻¹]
Extrudate – 1	16	2,2
Extrudate – 2	23	3,9
Extrudate – 3	25,5	3,5
Pulverzeolith [15]	31	8,7

Erwartungsgemäß liegt die Exzessbeladung q_i^{Ex} der Extrudate unterhalb der von Pulverzeolithen, da bei den Extrudaten der Bindemittelanteil mit zur Adsorbensmasse gerechnet wird.

Weitere einfache Untersuchungen dieser Art wurden mit Produktlösung, welche Isomaltose in deutlich geringerer Konzentration enthält als Glukose, und einer Desorbatlösung durchgeführt. Diese Mehrkomponentensysteme ermöglichen die Bestimmung der Selektivität α (siehe Gl. 2.8), die ein Maß für die Trennleistung des Adsorbens ist. Neben den Extrudaten wurden Pulverzeolithe „fabrikneu“ und „konditioniert“ als Kontrolle untersucht.
Aus Tabelle 5.2 geht hervor, dass Extrudate eine höhere Trennleistung (höhere Selektivität α) haben als Pulverzeolithe. Für Pulverzeolithe zeigte sich, dass die Konditionierung einen Einfluss auf die Exzessbeladung hat. Dies kann durch produktionsbedingte Verunreinigungen begründet werden, die Adsorptionsplätze besetzen oder blockieren und durch die Konditionierung entfernt werden. Die Selektivität bleibt davon unbeeinflusst.
Die Messung in Desorptionslösung zeigt, dass Isomaltose bei sehr hohen Anteilen in der Messlösung bevorzugt adsorbiert wird. Die Beladung für Glukose ist null oder sogar negativ, weil sie nur in sehr geringer Konzentration im System vorliegt. Dies zeigt, dass eine zweite Adsorption einer bereits zuvor aufgereinigten Desorbatlösung die Reinheit noch weiter steigern kann. Die berechnete Selektivität ist jedoch nur ein Maß für die adsorptive Trennleistung. Eine Aussage über die prozessbedingte Trennleistung lässt sich damit nicht ableiten, weil die Verunreinigungen in der Restflüssigkeit die prozessbedingte Trennleistung beeinträchtigen.

Tabelle 5.2: Exzessdaten für Extrudate und Pulverzeolithe für die Adsorption von Isomaltose bei ϑ = 30 °C, (Produktlösung: c_i Fru = 29,4 ; c_i Glu = 104,8 ; c_i Sac = 25,8 ; c_i IM = 22,1 $g\cdot L^{-1}$, Desorptionslösung c_i Fru = 1,4 ; c_i Glu = 3,1 ; c_i Sac = 3,4 ; c_i IM = 31,0 $g\cdot L^{-1}$, V_L/m_{Ad} = 5 $mL\cdot g^{-1}$)

Versuch	Isomaltose (IM)		Glukose (Glu)		Selektivität
	q_i^{Ex} [$mg\cdot g^{-1}$]	K_i^{Ex} [$mL\cdot g^{-1}$]	q_i^{Ex} [$mg\cdot g^{-1}$]	K_i^{Ex} [$mL\cdot g^{-1}$]	α IM/Glu
Produktlösung – Isomaltose-Anteil = 12%					
Extrudate	29,0	1,8	5,0	0,05	36,9
Extrudate	30,5	1,9	6,0	0,06	32,9
Pulverzeolith, fabrikneu	26,5	1,6	8,0	0,08	20,3
Pulverzeolith, konditioniert	41,5	3,0	15,0	0,15	20,4
Desorptionslösung – Isomaltose-Anteil = 80%					
Extrudate	45,9	2,2	0	-	∞
Pulverzeolith, konditioniert	57,2	3,1	-0,5	-	∞

Die vorangegangen Ergebnisse zeigen, dass die Extrudate eine höhere Selektivität bezüglich Isomaltose besitzen, die Kapazität jedoch im Vergleich zu BEA 150 Pulverzeolithen aufgrund des Bindemittelanteils sinkt, da die adsorbierte Menge auf die Gesamtmasse des Adsorbens bezogen wird. Um eine genauere Aussage über die Kapazität zu ermöglichen, wurden Isothermen von Isomaltose bei 4 °C, 30 °C und 50 °C analog zu den in Kapitel 4.2.2 beschriebenen Untersuchungen durchgeführt. Auf vollständige Isothermen wurde verzichtet. Für die Isomaltoseproduktion ist nur der Bereich niedriger Konzentrationen bis 30 $g\cdot L^{-1}$ relevant. Um eine Auswertung nach Langmuir zu ermöglichen, wurde eine Messung bei sehr hohen Konzentrationen durchgeführt, damit die Sättigungsbeladung $q_{i,max}$ bestimmt werden kann.

In Abbildung 5.2 ist zunächst nur der niedrige Konzentrationsbereich dargestellt, in dem die Isothermendaten mit der Henry-Gleichung korreliert werden. Zum Vergleich werden die Messwerte von BEA 150 Pulverzeolithen gezeigt.

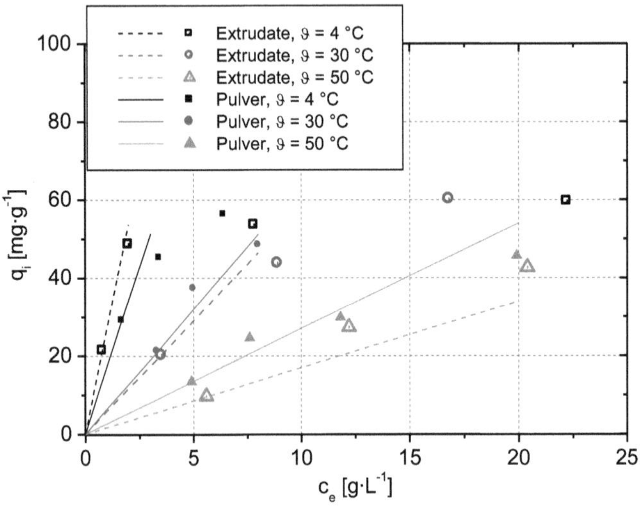

Abbildung 5.2: Adsorptionsisothermen von Isomaltose an Extrudaten und Pulverzeolithen bei niedrigen Konzentrationen im Henry-Bereich (ϑ = 4 °C, 30 °C und 50 °C, V_L/m_{Ad} = 5 mL·g^{-1}), Linien: Regression für Henry-Bereich nur aus der niedrigsten Beladung ermittelt [76]

Bei 4 °C zeigen Extrudate einen stärkeren Anstieg der Beladung q_i als Pulverzeolithe. Niedrigere Temperaturen begünstigen die Adsorption im Allgemeinen und könnten hier für eine Anwendung im externen Festbett genutzt werden. Für Pulverzeolithe ist eine Temperatur von 4 °C jedoch nicht nutzbar, da die Adsorption im Wirbelbettreaktor beim Temperaturoptimum (30 °C) der Enzymreaktion stattfinden muss. Der Verlauf der Isotherme an Extrudaten bei 4 °C flacht jedoch schon zwischen 5 und 10 g·L^{-1} sehr stark ab und strebt einer Sättigung zu. Die Verläufe der Isothermen bei 30 °C und 50 °C an Extrudaten liegen unterhalb der von Pulverzeolithen. Bei 50 °C zeigen beide Isothermen lineares Verhalten bis zu einer Gleichgewichtskonzentration von 20 g·L^{-1}.

Abbildung 5.3 zeigt die Isomaltose-Isothermen an Extrudaten über den gesamten Messbereich. Als Referenz ist die Isotherme von Isomaltose an Pulverzeolithen bei 30 °C von Berensmeier et al. [15] dargestellt.

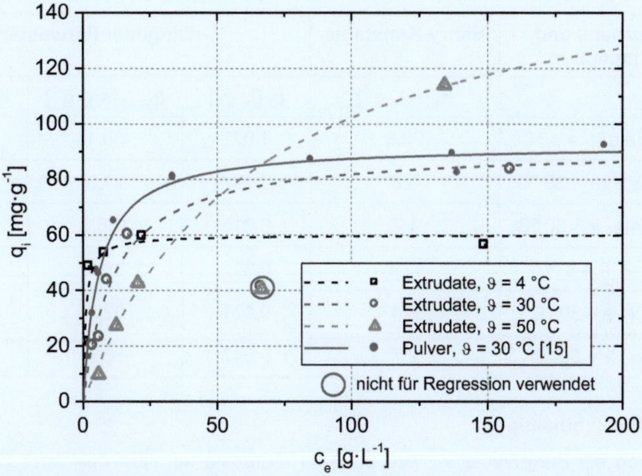

Abbildung 5.3: Adsorptionsisothermen von Isomaltose an Extrudaten über den gesamten Konzentrationsbereich, V_L/m_{Ad} = 5 mL·g^{-1} [76]

Über den gesamten Konzentrationsbereich betrachtet zeigen alle drei Isothermen an Extrudaten eine Typ I Isotherme (IUPAC-Klassifikation). Die nichtlineare Regression zur Bestimmung der Langmuir-Parameter [138] liefert dabei eine gute Übereinstimmung mit den Messwerten, wobei die Messpunkte bei 65 g·L^{-1} nicht berücksichtigt wurden. Für 4 °C bestätigt der Wert bei ca. 150 g·L^{-1} den Verlauf der Sättigung. Bei höheren Temperaturen steigt die Sättigungsbeladung $q_{i,max}$ jedoch deutlich an. Nach dem Modell von Langmuir muss die Sättigungsbeladung temperaturunabhängig sein, wenn die Zugänglichkeit zu den Adsorptionsplätzen temperaturunabhängig ist [95]. Der Vergleich der Isothermen bei 30 °C von Extrudaten und Pulverzeolithen zeigt nahezu die gleiche Sättigungsbeladung. Für eine genauere Interpretation sind jedoch weitere Messdaten erforderlich.

Tabelle 5.3: Zusammenfassung der Isothermenparameter nach Henry und Langmuir aus Abbildung 5.2 und 5.3

Adsorbens und Temperatur	Henry-Konstante	Langmuir Parameter		
	K_i [$mL\cdot g^{-1}$]	b_i [$L\cdot g^{-1}$]	$q_{i,max}$ [$mg\cdot g^{-1}$]	$K_{i,L}$ [$mL\cdot g^{-1}$]
Extrudate, ϑ = 4 °C	26,8	1,077	60,1	64,7
Extrudate, ϑ = 30 °C	5,8	0,087	91,3	7,9
Extrudate, ϑ = 50 °C	1,7	0,015	168,8	2,6
Pulver, ϑ = 4 °C	17,1	0,311	88,4	27,5
Pulver, ϑ = 30 °C	6,4	0,171	92,5	15,9
Pulver, ϑ = 50 °C	2,7	0,047	96,7	4,5

Adsorptionsenthalpie

Wie schon bei Pulverzeolithen wird auch für Extrudate mit Hilfe des van´t Hoff-Plots die Adsorptionsenthalpie für Isomaltose bestimmt. Abbildung 5.4 zeigt die verschiedenen Methoden der Regression und als Vergleichswert die Bestimmung an Pulverzeolithen aus der Henry-Konstanten K_i.

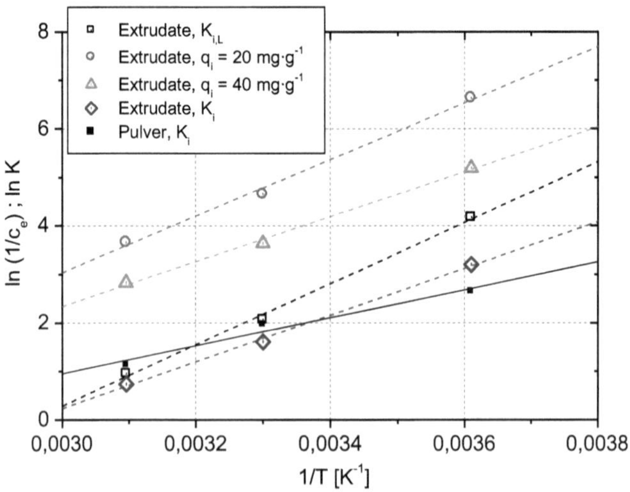

Abbildung 5.4: van´t Hoff-Plot für Isomaltose-Isothermen an Extrudaten [76]

Die Steigung im van´t Hoff-Plot wird durch den Abstand der Isothermen bei verschiedenen Temperaturen bestimmt. Wie schon in Abbildung 5.2 zu erkennen ist, liegen die Steigungen der Isothermen an Extrudaten weiter auseinander als an Pulverzeolithen. Die Zusammenfassung der ermittelten Adsorptionsenthalpien ist in Tabelle 5.4 dargestellt.

Tabelle 5.4: Adsorptionsenthalpien für Extrudate aus van´t Hoff-Plot in Abbildung 5.4

Model und Beladung q_i [$mg \cdot g^{-1}$]	Extrudate	Pulverzeolith
	Δh_{Ad} [$kJ \cdot mol^{-1}$]	
Henry - K_i	-44,3	-29,6
Langmuir - $K_{i,L}$	-52,4	-28,0
q_i = 20 $mg \cdot g^{-1}$	-48,5	-27,5
q_i = 40 $mg \cdot g^{-1}$	-38,5	-27,0

Durch die stärkeren Steigungen der Isothermen ist die berechnete Adsorptionsenthalpie für Isomaltose an Extrudaten höher als an Pulverzeolithen. Demnach müsste es sich um eine noch stärkere Bindung zwischen Adsorptiv und Adsorbens handeln. Wie im Folgenden aber noch gezeigt wird, desorbieren Extrudate schneller als Pulverzeolithe.

Sorptionskinetiken

Neben den Gleichgewichtsdaten (Isothermen und Adsorptionsenthalpie) ist die Kinetik der Adsorption eine wichtige Größe, um eine Aussage über die Eignung eines Adsorbens zu treffen. Wie im Abschnitt 4.5 beschrieben, dauert die Desorption an Pulverzeolithen sehr lange. Eine Adsorptionskinetik konnte an Pulverzeolithen nicht unter Produktionsbedingungen nachgewiesen werden, weil die Adsorption instantan stattfindet.

Durch eine künstliche Verschlechterung der Stofftransportbedingungen konnte an Pulverzeolithen eine sehr schnelle Adsorptionskinetik gezeigt werden. Durch die gewählten Versuchsbedingungen wurde auch der Vergleich zu den Extrudaten möglich. Die Durchführung der Messung fand in 2 mL Eppendorfgefäßen statt, die mittels Rotator durchmischt wurden. Die Geschwindigkeit der Fluidbewegung ist geringer als unter Produktionsbedingungen im MBRA und in einem externen Festbett.

Abbildung 5.5 zeigt die Adsorptionskinetiken für Pulverzeolithe und Extrudate.

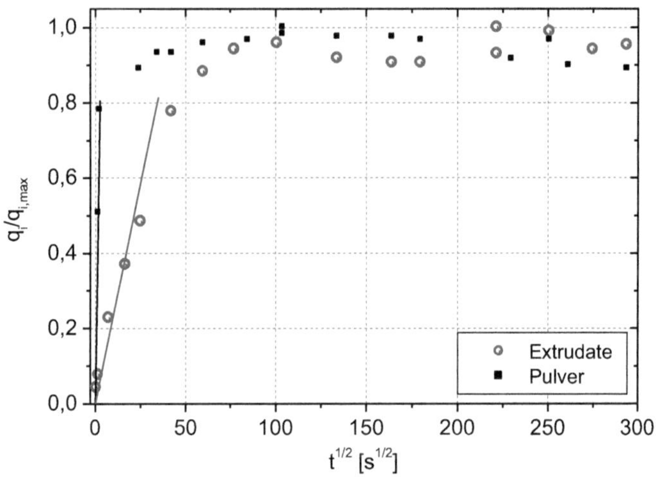

Abbildung 5.5: Adsorptionskinetik an Extrudaten und Pulverzeolithen für Isomaltose (ϑ = 30 °C, c_i = 20 g·L^{-1} ; V_L/m_{Ad} = 5 mL·g^{-1}) [76]

An Pulverzeolithen ist eine sehr hohe Aufnahmerate zu erkennen. Extrudate adsorbieren Isomaltose deutlich langsamer. Für die Bestimmung der Konzentration müssen Pulverzeolithe durch Zentrifugation von der Messlösung getrennt werden. Dieser Vorgang dauert ca. zehn Minuten. Da während der Zentrifugation Kontakt zwischen Adsorbens und Lösung besteht, kann eine Adsorption der Isomaltose nicht verhindert werden. Dies ist eine Erklärung, warum der erste Messpunkt, in dem die Zentrifugation sofort nach Zugabe der Messlösung gestartet wurde, bereits eine Beladung von über 50% aufweist.

Für die weitere Argumentation muss die Größe der Pulverzeolithe und deren Porenstruktur betrachtet werden. Eine Größenbestimmung der Pulverzeolithe mittels Laser-Beugung zeigte einen Partikeldurchmesser d_p (50%) von ca. 25 µm [15]. Dieser Größenbereich wurde in eigenen elektronenmikroskopischen Untersuchungen bestätigt. Die Porenstruktur von Zeolithen zeichnet sich dadurch aus, dass eine sehr enge bzw. keine Porenradienverteilung vorliegt. Das heißt, die Kanäle, in denen die Adsorption stattfindet, reichen bis zur äußeren Oberfläche der Zeolithpartikel. Es tritt somit kein Stofftransport durch eine Meso- und/oder Makroporenstruktur auf. Diese Mikroporendiffusion ist typisch für sehr kleine Partikel und für Moleküle, deren Durchmesser im Größenbereich der Poren des Zeoliths liegen [46]. Beides

ist hier der Fall und erklärt somit die schnelle Adsorption von Isomaltose an Pulverzeolithen. Ähnliche Ergebnisse wurden für die Adsorption von Leukrose an dealuminierten NaY-Zeolithen beobachtet [154]. Die maximale Beladung wurde dort bereits nach fünf Minuten erreicht.
An Extrudaten konnte eine zusätzliche Makroporenstruktur festgestellt werden (vgl. Abb. 5.1). Die Makroporendiffusion ist typisch für größere Partikel [46]. Die eigentliche Adsorption in den Mikroporen der Extrudate findet vermutlich ähnlich schnell statt wie in Pulverzeolithen. Die Versuchsbedingungen tragen allerdings zu einer langsameren Diffusion bei, da es sich hier um Experimente im Batch-Ansatz handelt und die Extrudate nicht in einem Festbett durchströmt werden konnten. Für Extrudate zeigt die Adsorptionskinetik nach ca. 100 Minuten die maximale Beladung an. Sobald diese Extrudate in größeren Mengen zur Verfügung stehen, sollten Durchbruchskurven für die beteiligten Saccharide ermittelt werden, um eine genauere Bestimmung des Diffusionskoeffizienten zu ermöglichen. Zunächst reicht die Aussage aus diesem Versuch, um zu zeigen, dass diese Extrudate eine mögliche Prozessalternative für eine Festbettanwendung sind.

Neben der Adsorption kommt vor allem der Freisetzung des Adsorbates, der Desorption, für den hier beschriebenen Prozess eine besondere Bedeutung zu. Wie in Kapitel 4.5 gezeigt wurde, verläuft die Desorption von Isomaltose an Pulverzeolithen sehr langsam. Die langsame Desorption von Isomaltose ist aber ein Grund, der die Aufreinigung ermöglicht. Denn durch die unterschiedlichen Desorptionsgeschwindigkeiten von Glukose, Fruktose und Isomaltose kann eine Aufreinigung von Isomaltose erzielt werden. Für den Gesamtprozess ist die sehr lange Desorptionszeit schwierig für die Handhabung. In einem kontinuierlichen Produktionsprozess müssten große Lagerkapazitäten zum Auffangen gewaschener Zeolithe bereitgestellt werden. Ein mehrstufiger Desorptionsprozess würde für eine vollständige Desorption mehr als einen ganzen Tag in Anspruch nehmen (vgl. Kap. 4.5.2).

Abbildung 5.6 zeigt die Desorptionskinetik der Extrudate für die Eluenten reines Wasser (H_2O) und ein Ethanol-Wasser-Gemisch (5% (v/v) EtOH). Wie bereits in Abschnitt 4.5.1 in Abb. 4.22 beschrieben, wird die Desorptionsgeschwindigkeitskonstante k_{-1} ermittelt.

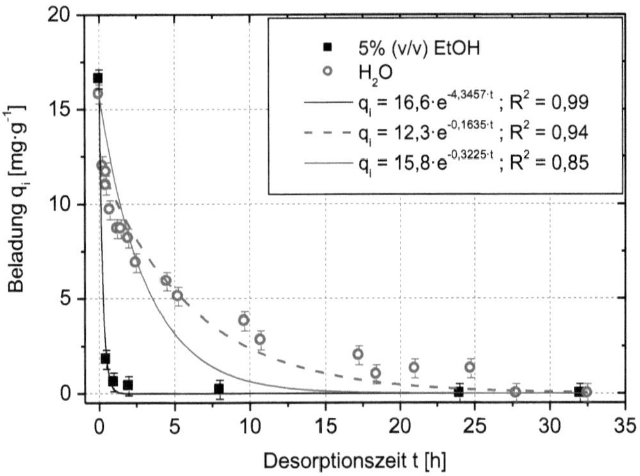

Abbildung 5.6: Desorptionskinetik an Extrudaten für Isomaltose bei verschiedenen Eluenten, (V_L/m_{Ad} = 2,5 mL·g^{-1}, ϑ = 50 °C)

Die Kinetik an Extrudaten bei der Desorption in 5% (v/v) Ethanol-Wasser-Gemisch verläuft sehr schnell und lässt sich durch das einfache Zeitgesetz der Desorption beschreiben. Ethanol verdrängt dabei Isomaltose und forciert so die Desorption. Die Kinetik in reinem Wasser verläuft langsamer. Die Regression mit der Startbeladung $q_{i,0}$ = 15,8 mg·g^{-1} beschreibt die Messwerte nur unzureichend. Wird dem Solver die Variation der Startbeladung ($q_{i,0}$ = 12,3 mg·g^{-1}) erlaubt, verbessert sich die Regression und die Desorptionsgeschwindigkeitskonstante k_{-1} halbiert sich.

In diesem Versuch scheint ein weiterer Stofftransportwiderstand vorzuliegen, oder die Annahme, dass keine Adsorption stattfindet, ist nicht gerechtfertigt. Da dieser Versuch in einem Schüttelwasserbad als Batchexperiment durchgeführt wurde, kann unzureichende Turbulenz die Ursache sein. Dadurch kommt es zu einem äußeren Stofftransportwiderstand, der die Abweichung von der vermuteten Kinetik 1. Ordnung bei der Desorption erklären kann. Hier könnten Versuche in einer Säulenapplikation eine höhere Fluidgeschwindigkeit erzeugen. Diese Experimente konnten aufgrund von mangelndem Extrudatmaterial nicht durchgeführt werden.

Tabelle 5.5 zeigt die Desorptionsgeschwindigkeitskonstante k_{-1} der Extrudate zusammen mit den Werten der Pulverzeolithe (vgl. Abb. 4.22).

Tabelle 5.5: Übersicht der verschiedenen Desorptionsgeschwindigkeitskonstanten k_{-1} für Pulver (Abb. 4.21) und Extrudate (Abb. 5.6)

Zeolithe	Bedingungen	k_{-1} [h^{-1}]	$k_{-1}/k_{-1,50\,°C\,Pulver}$
Extrudate	5% (v/v) EtOH, 50°C	- 4,3457	194
(Abb. 5.6)	H_2O, ϑ = 50 °C ; $q_{i,0}$ = 15,8	- 0,3221	14
	H_2O, ϑ = 50 °C ; $q_{i,0}$ = 12,3	- 0,1635	7
Pulver	H_2O, ϑ = 70 °C	- 0,1374	6
(Abb. 4.22)	H_2O, ϑ = 50 °C	- 0,0224	1

Die Zugabe von 5% (v/v) Ethanol bewirkt bei den Extrudaten eine 13-mal so schnelle Desorption wie in reinem Wasser. Damit ist eine vollständige Desorption der Extrudate in ca. zehn Minuten möglich. In reinem Wasser lassen sich die Extrudate etwas schneller entladen als Pulverzeolithe bei 70 °C. Damit haben die Extrudate zwei Vorteile: Desorption bei niedrigerer Temperatur und die Möglichkeit, innerhalb weniger Minuten zu desorbieren.

Die Extrudate könnten in einem Karusselladsorber [12] eingesetzt werden, wenn eine entsprechend schnelle Reaktivierung möglich ist. Derartige Adsorptionsanlagen bestehen aus mehreren Festbetten, die sich während eines kontinuierlichen Betriebs in verschiedenen Stadien (Adsorption, Desorption und Regeneration) befinden und zyklisch gewechselt werden.

Ein Grund für die schnellere Desorption liegt vor allem in der Struktur der Extrudate. Abbildung 5.7 zeigt zwei elektronenmikroskopische Aufnahmen eines Extrudates bei verschiedenen Vergrößerungen.

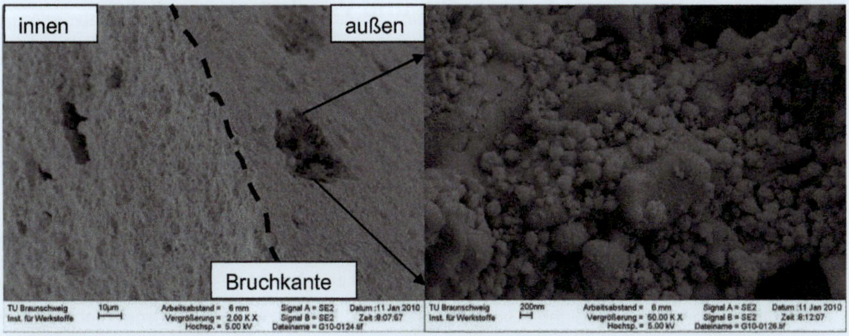

Abbildung 5.7: SEM-Abbildungen der Extrudate, links: aufgeschnittenes Partikel mit Bruchkante, rechts: Vergrößerung einer Pore [76]

Im linken Teil der Abbildung 5.7 ist ein aufgeschnittenes Extrudatpartikel bei 2.000 facher Vergrößerung gezeigt. Sowohl links (innen), wie auch rechts (außen) der Bruchkante sind große Poren der Makroporenstruktur zu erkennen. Im rechten Teil der Abbildung 5.7 ist eine Pore bei 50.000 facher Vergrößerung abgebildet und zeigt die detailierte Oberflächenstruktur der Extrudate. Die Aluminium-Phosphat-Sintermatrix ist von vielen sehr kleinen Zeolithpartikeln besetzt. Die Zeolithpartikel sind dabei ungefähr 200 nm im Durchmesser und somit im Vergleich zu Zeolithpartikeln in der Slurryanwendung (d_P (50%) ca. 25 µm) um zwei Größenordnungen kleiner. Die geringe Größe beeinflusst die Diffusion in diesen Partikeln entscheidend und ist somit ein Grund für die schnellere Desorption in Extrudaten. Die spezifische Oberläche A/V ist für Extrudate um Faktor 150 größer als bei Pulverzeolithen (siehe Tab. 6.1). Wenn der vermutete Platz der Adsorption am Porenmund liegt und kein weiterer Transport ins Poreninnere erfolgt, sollte mit kleineren Pulverzeolithen also die gleiche Desorptionsgeschwindigkeit erreichbar sei. Hierfür könnten Pulverzeolithe zerkleinert und die Experimente wiederholt werden.

Grundsätzlich sollten Pulverzeolithe auch aus Partikeln dieser Größenordnung bestehen. Diese konnten aber in der Produktlösung nicht nachgewiesen werden, weil die Primärkristalle zur Agglomeration neigen. Bisher konnte der genaue Ort der Isomaltoseadsorption nicht festgestellt werden. Die Flexibilität der Mikroporen in Extrudaten könnte durch die Sintermatrix verändert werden, was zu einer geringeren Bindungsstärke zwischen Isomaltose und Zeolithpore führt. Die Untersuchungen der Adsorptionsenthalpie sprechen allerdings gegen eine Abnahme der Bindungsstärke.

Zur genaueren Klärung dieses Phänomens sind weitere umfangreiche Untersuchungen nötig. Für eine Anwendung der Extrudate in einem externen Festbett ist die schnelle Desorption sehr vorteilhaft.

5.3 Aufreinigung mit Extrudaten und Wiederverwendung

Die Aufreinigung mit Extrudaten wurde nur exemplarisch untersucht, um die Durchführbarkeit des Verfahrens zu demonstrieren. In Batch-Versuchen wurden die Extrudate adsorbiert, gewaschen und desorbiert. Für Versuche in einem Festbett stand nicht genug Material an Extrudaten zur Verfügung.

Die Parameter der Waschung orientierten sich an den Ergebnissen der Pulverzeolithe. Es wurde fünf Minuten mit Wasser (4 °C) gewaschen. Nach fünf Waschschritten lag die Reinheit für Isomaltose bei ca. 70% im Desorbat. Der Aufreinigungserfolg ist mit dem Verlauf der Aufreinigung an Pulverzeolithen vergleichbar. Die Waschprozedur wurde nicht so lange durchgeführt, dass eine Reinheit von über 90% erzielt wurde. Dennoch scheint dieses Verfahren noch weiteres Potential zu besitzen.

Für einen Betrieb im Festbett könnten Waschmittelmenge und Flussrate variiert werden. Da es sich bei den Extrudaten um größere Partikel handelt, könnten auch neuartige Verfahren, wie die Einzelkornwäsche [73], untersucht werden. Dieses Verfahren eignet sich für lösliche Kristalle, weil hier nur eine sehr kurze Kontaktzeit möglich ist, um einen Wascherfolg zu erzielen. Da die Desorption grundsätzlich durch eine Störung der Gleichgewichtskonzentration eingeleitet wird, könnte dieses Verfahren dazu beitragen, Ausbeuteverluste zu reduzieren.

Ein entscheidendes Kriterium für die Auswahl eines geeigneten Adsorbens ist dessen Wiederverwendbarkeit. Gerade für Aufreinigungsprozesse, in denen noch immer die meisten Kosten entstehen, hängt die Auswahl des Verfahrens maßgeblich von der Kostenstruktur der Aufreinigung ab. Der hier beschriebene Prozess kann nur dann wirtschaftlich werden, wenn das Adsorbens mehrfach einsetzbar ist, da die Kosten für diesen sehr speziellen Zeolithen nicht unerheblich sind. Durch die Extrusion kommen weitere Ausgaben hinzu, sodass gerade für die Extrudate die Wiederverwendung noch mehr an Bedeutung gewinnt.

Analog zu den Versuchen an Pulverzeolithen wurden die Extrudate zunächst durch eine Adsorption mit einem Produktgemisch beladen, anschließend fünf mal mit Wasser (4 °C) gewaschen und zunächst bei 70 °C in Wasser desorbiert. Danach fand eine Regenerierung durch Trocknung und Aktivierung bei 400 °C statt. Wie bei Pulverzeolithen zeigte sich ein rascher Verlust an Kapazität und Selektivität für Isomaltose, so dass bereits nach vier Zyklen keine Adsorption von Isomaltose mehr beobachtet wurde (Abb. 10.6 – Anhang). Da sich aber, wie im vorangegangenen Abschnitt (vgl. Abb. 5.6) gezeigt wurde, die Desorption an Extrudaten bei 50 °C in entsprechend kurzer Zeit realisieren lässt, wurde der Versuch unter diesen Bedingungen wiederholt. Dabei fand bis zum 3. Zyklus keine Abnahme der Beladung statt, wie in Abbildung 5.8 zu erkennen ist. Die hohe Desorptionstemperatur im ersten Versuch könnte ein Grund für die Inaktivierung der Zeolithe sein. Hierdurch könnte es zum Austausch oder "leaching" von Natriumionen kommen, die für die Adsorption von Isomaltose relevant sein können.

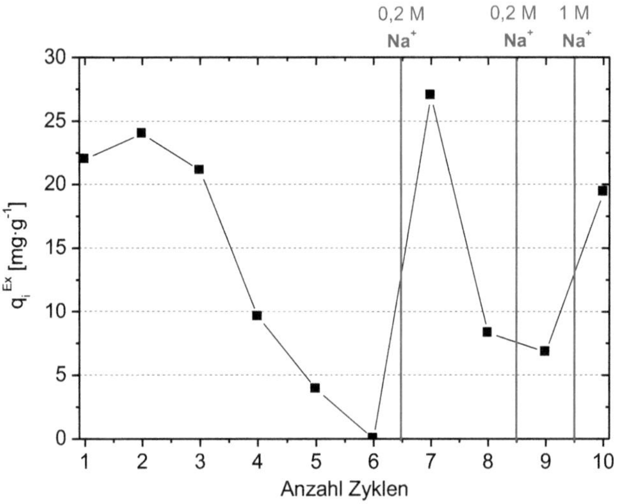

Abbildung 5.8: Wiederverwendung von Extrudaten bei Desorptionstemperatur ϑ = 50 °C

Die Alterung von Zeolithen ist in industriellen Prozessen ein bekanntes Problem. Bei Gasphasenanwendungen kommt es zu Kapazitätsverlusten, die häufig durch die Adsorption von Wasser oder Wasserdampf hervorgerufen werden [132]. Die regelmäßige Trocknung ist somit ein etabliertes Verfahren, das allerdings weitere Nachteile hat. Durch Trocknen wird die Oberfläche einer Substanz verändert, was einen Einfluss auf die Adsorptionseigenschaften haben kann. Durch kontrolliertes Freibrennen werden Zeolithe, die durch Verkokungsrückstände inaktiv wurden, wieder aktiviert. Auch dieses Verfahren kann zu einer Verschlechterung der Adsorbenseigenschaften führen. So kommt es durch diese Regenerationsmethoden häufig zu neuen Kristallfehlern und letztendlich zu einer irreversiblen Zerstörung der Gerüststruktur.

Mit dem 4. Zyklus nimmt die Beladung der Extrudate, wie in Abbildung 5.8 zu erkennen ist, deutlich ab. Im 6. Zyklus ist dann praktisch keine Adsorption von Isomaltose mehr festzustellen. Da, wie sich an Pulverzeolithen gezeigt hat, der Einfluss von Natriumionen positiv auf die Adsorption von Sacchariden auswirkt, wurde nach der 6. Desorption eine Konditionierung mit 0,2 M NaCl bei 70 °C für eine Stunde durchgeführt, gefolgt von einer Trocknung und Aktivierung. Diese Prozedur wurde bisher nicht durchgeführt, weil die Extrudate aufgrund der Matrixeigenschaften kaum als Protonendonator fungierten. Wie aber in Abbildung 5.8 zu erkennen ist, steigt die Beladung für Isomaltose nach der

Natriumbehandlung wieder deutlich an und übertrifft sogar die ursprüngliche Anfangsbeladung. Die Konditionierung mit 0,2 M NaCl umfasst zusätzlich mehrere Waschschritte, um die Salzlösung wieder aus dem Porensystem zu entfernen. Der Zweck dieser Konditionierung ist ein Kationenaustausch an den Aluminiumzentren. Natriumchlorid ist überdies ein strukturbrechendes Salz, d.h. es bricht die Hydrathülle, welche die Saccharide in der wässrigen Lösung umgeben, auf und ermöglicht so ein leichteres Eindringen in die Zeolithpore [154].

Nach dem 7. Zyklus wurde auf eine Konditionierung verzichtet. Es sollte untersucht werden, wie lange der Effekt der Konditionierung anhält. Da im 8. Zyklus aber erneut eine starke Abnahme der Beladung auftrat, wurde nach diesem Zyklus wieder eine Konditionierung unter den oben beschriebenen Bedingungen durchgeführt. Der Erfolg dabei war jedoch nur mäßig, denn im 9. Zyklus sank die Beladung weiter.

An Pulverzeolithen zeigte sich, dass eine Wiederverwendung über fünf Zyklen möglich ist, wenn die Bedingungen der Konditionierung modifiziert werden (vgl. Abb. 4.26). Nach dem 9. Zyklus wurde exemplarisch diese modifizierte Konditionierung mit 1 M NaCl bei 105 °C für vier Stunden und dreimaliger Wiederholung durchgeführt. Wie im 10. Zyklus ersichtlich ist, konnte hierdurch wieder ein Anstieg der Beladung knapp unter dem ursprünglichen Anfangswert erreicht werden.

Dieser Versuch zeigt, dass es möglich ist, die Extrudate mehrfach zu verwenden. Die Bedingungen, unter denen ein Recycling am sinnvollsten und effektivsten stattfindet, müssen aber noch systematisch untersucht werden. Der Einfluss der Natriumchloridbehandlung scheint dabei eine besondere Bedeutung zu haben. Die bisherigen Konditionierungen wurden mit Erfahrungswerten durchgeführt und lassen noch keine Aussage über den Einfluss der Parameter zu. Alleine für die Konditionierung können Salzkonzentration, Temperatur und Dauer variiert werden. Dies zeigt, dass hier noch ein erhebliches Potential für eine Verbesserung besteht.

6 Diffusion in Zeolithen

Die Ergebnisse der Ad- und Desorptionsuntersuchungen zeigen, dass es grundsätzlich möglich ist, Isomaltose mit BEA-Zeolithen aufzureinigen. Die benötigte Zeit zur Desorption ist im Falle der Pulverzeolithe aber deutlich länger als für die Adsorption. Im Folgenden soll nun ein Gesamt-Diffusionskoeffizient D aus den ermittelten Kinetiken bestimmt werden. Dazu wird das „Wurzel-Zeit-Gesetz“ verwendet (vgl. Kap. 2.6).

Abbildung 6.1 zeigt die Auftragung der Desorptionskinetiken als freigesetzte Beladung über der Wurzel der Versuchszeit.

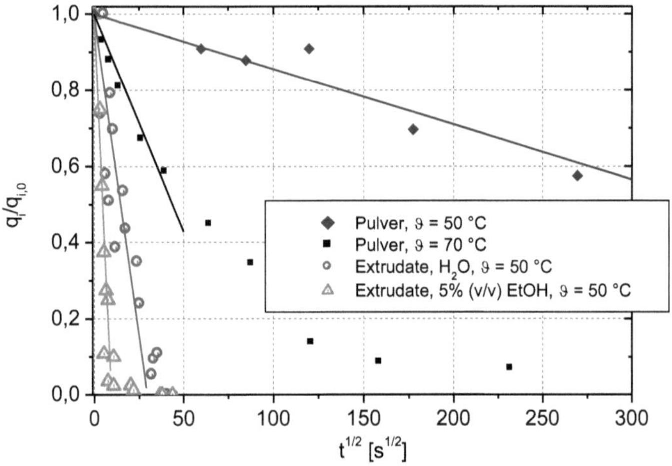

Abbildung 6.1: Desorptionskinetik an Extrudaten und Pulverzeolithen für Isomaltose bei verschiedenen Bedingungen, $V_L/m_{Ad} = 2{,}5\ mL \cdot g^{-1}$ [76]

Mit folgendem Zusammenhang:

$$\frac{q_t}{q_\infty} \approx 2 \frac{A}{V} \sqrt{\frac{D \cdot t}{\pi}} \qquad \textbf{Gl. 6.1}$$

kann ein Gesamt-Diffusionskoeffizient D aus der Anfangssteigung ermittelt werden. Die externe Oberfläche A und das Volumen V der Zeolithpartikel wird durch eine angenommene Kugelgeometrie berechnet:

$$A = 4\pi \cdot r_{Pul}^2 \qquad \text{Gl. 6.2}$$

$$V = \frac{4}{3}\pi \cdot r_{Pul}^3 \qquad \text{Gl. 6.3}$$

Der Radius r_{Pul} (15 µm) der Zeolithpulverpartikel wurde aus elektronenmikroskopischen Untersuchungen ermittelt.

Für die Extrudate wird zum einen die Geometrie eines Zylinders angenommen:

$$A = 2\pi \cdot r_{Ex} \cdot (r_{Ex} + l_{Ex}) \qquad \text{Gl. 6.4}$$

$$V = \pi \cdot r_{Ex}^2 \cdot l_{Ex} \qquad \text{Gl. 6.5}$$

mit Länge l_{Ex} = 1 cm und Radius r_{Ex} = 0,5 mm. Mit dieser Annahme wird die äußere Oberfläche der Extrudatpartikel als die für die Diffusion relevante Oberfläche angesehen. Die Zeolithprimärpartikel auf den Extrudaten sind allerdings deutlich kleiner (vgl. Abb. 5.7).

Mit der Annahme, dass die Adsorption nur in den Zeolithpartikeln stattfindet, soll zum anderen auch für die Extrudate der Diffusionskoeffizient mit der Kugelgeometrie berechnet werden. Dafür wird als Radius $r_{Kirstal}$ (100 nm) für die Zeolithprimärpartikel angenommen und die Gl. 6.2 und 6.3 verwendet.

Der Ergebnisse dieser Berechnung sind in Tabelle 6.1 zusammengefasst. Als Vergleichswerte sind auch die aus Abbildung 5.5 ermittelten Diffusionskoeffizienten für die Adsorptionskinetik mit aufgeführt.

Für die Adsorption von Isomaltose an Pulverzeolithen wird mit dem „Wurzel-Zeit-Gesetz" (Gl. 6.1) ein Wert von $1{,}9 \cdot 10^{-12}$ $m^2 \cdot s^{-1}$ bestimmt. Der Vergleich mit dem Literaturwert von Buttersack et al. [28] zeigt, dass Isomaltose an BEA-Zeolithen etwas schneller diffundiert als Isomaltotriose an Faujasiten (FAU). Zeolithe vom Typ FAU (d_{Por} = 7,4 Å) haben größere Poren als BEA-Zeolithe (d_{Por} = 6,6 Å). Isomaltotriose ist aber ein Drittel größer als Isomaltose, so dass der ermittelte Wert realistisch erscheint.

Bei der Desorption von Zeolithpulver werden erheblich kleinere Diffusionskoeffizienten ermittelt. Grundsätzlich ist es nicht unüblich, dass die Desorption eine längere Zeit in Anspruch nimmt als die Adsorption [132]. Für die Desorption sind höhere Temperaturen erforderlich. Dies deutet auf eine sehr starke Bindung der Isomaltose in den Zeolithporen hin.

Tabelle 6.1: Zusammenfassung der berechneten Diffusionskoeffizienten

<table>
<tr><th>Zeolith/Bedingungen</th><th>Steigung
[$s^{-0,5}$]</th><th>A [m^2]</th><th>V [m^3]</th><th>Diffusionskoeffizient
D [$m^2 \cdot s^{-1}$]</th></tr>
<tr><td colspan="5">**Adsorption** (Abb 5.5)</td></tr>
<tr><td>Zeolithpulver</td><td>0,31</td><td>$2,8 \cdot 10^{-9}$</td><td>$1,4 \cdot 10^{-14}$</td><td>$1,9 \cdot 10^{-12}$</td></tr>
<tr><td>Extrudate r = 0,5 mm</td><td>0,023</td><td>$3,3 \cdot 10^{-5}$</td><td>$7,9 \cdot 10^{-9}$</td><td>$2,4 \cdot 10^{-11}$</td></tr>
<tr><td>Extrudate r = 100 nm</td><td>0,023</td><td>$1,3 \cdot 10^{-13}$</td><td>$4,2 \cdot 10^{-21}$</td><td>$4,6 \cdot 10^{-19}$</td></tr>
<tr><td colspan="5">**Desorption** (Abb 6.1)</td></tr>
<tr><td>Pulver ϑ = 70 °C</td><td>-0,011</td><td rowspan="2">$2,8 \cdot 10^{-9}$</td><td rowspan="2">$1,4 \cdot 10^{-14}$</td><td>$2,4 \cdot 10^{-15}$</td></tr>
<tr><td>Pulver ϑ = 50 °C</td><td>-0,001</td><td>$2,0 \cdot 10^{-17}$</td></tr>
<tr><td>Extrudate H_2O r = 0,5 mm</td><td>-0,033</td><td rowspan="2">$3,3 \cdot 10^{-5}$</td><td rowspan="2">$7,9 \cdot 10^{-9}$</td><td>$4,9 \cdot 10^{-11}$</td></tr>
<tr><td>Extrudate 5% EtOH
r = 0,5 mm</td><td>-0,104</td><td>$4,8 \cdot 10^{-10}$</td></tr>
<tr><td>Extrudate H_2O r = 100 nm</td><td>-0,033</td><td>$1,3 \cdot 10^{-13}$</td><td>$4,2 \cdot 10^{-21}$</td><td>$9,5 \cdot 10^{-19}$</td></tr>
<tr><td>Extrudate 5% EtOH
r = 100 nm</td><td>-0,104</td><td>$1,3 \cdot 10^{-13}$</td><td>$4,2 \cdot 10^{-21}$</td><td>$9,4 \cdot 10^{-18}$</td></tr>
<tr><td colspan="5">**Literaturwerte**</td></tr>
<tr><td colspan="4">Isomaltotriose an FAU (Si/Al = 110) Buttersack et al. [28]</td><td>$4 \cdot 10^{-13}$</td></tr>
<tr><td colspan="4">n-C10 Paraffin an NH_4BEA (Si/Al = 9) Lima et al. [98], r = 2,5 µm</td><td>$2,14 \cdot 10^{-15}$</td></tr>
<tr><td colspan="4">n-C10 Paraffin an NH_4BEA (Si/Al = 9) Lima et al. [98], r = 100 nm</td><td>$3,41 \cdot 10^{-18}$</td></tr>
</table>

Bei den Extrudaten unterscheiden sich die Ad- und Desorptionskinetik nur geringfügig. Folglich liegen auch die ermittelten Diffusionskoeffizienten eng beieinander. Je nachdem, welche Geometrie für die Extrudate (Kugelform für Primärkristalle oder Zylinder für Gesamtextrudat) verwendet wird, unterscheiden sich die Diffusionskoeffizienten aber um acht Größenordnungen. Der Vergleich mit den Literaturwerten von Lima et al. [98] zeigt aber, dass ein Diffusionskoeffizient von $9,4 \cdot 10^{-18}$ $m^2 \cdot s^{-1}$ bei einem Partikelradius r = 100 nm nicht unrealistisch ist.

Für eine genauere Untersuchung der Diffusion in Extrudaten sollten Messungen der Kinetiken mit unterschiedlich großen Extrudatpartikeln durchgeführt werden. Ändert sich dabei die Kinetik nicht, stützt dies die Annahme, dass die Adsorption nur an den Zeolithprimärpartikeln stattfindet und keine äußere Stofftransportlimitierung und auch keine Limitierung durch Diffusion in den Makroporen vorliegt.

Für das Zeolithpulver könnte ein ähnliches Vorgehen zur Klärung des großen Unterschiedes zwischen Ad- und Desorptionskinetik angewendet werden. Allerdings neigen die

Pulverzeolithe im verwendeten Puffersystem zur Agglomeration. Unter Produktionsbedingungen wurden deshalb immer Partikel mit einem Durchmesser von ca. 30 µm gefunden.

Für eine Begründung, warum die Desorption in Pulverzeolithen deutlich langsamer ist als die Adsorption, soll die folgende Argumentation dienen: Wie in Kapitel 2.4 gezeigt wurde, besitzt der BEA-Zeolith zwar ein dreidimensionales Gerüst, die gerade verlaufenden Kanäle treffen sich jedoch nicht (vgl. Abb. 2.7). Die Kreuzungen zu den zick-zack-artig verlaufenden Kanälen würde zwar eine Diffusion in eine weitere Dimension erlauben, das Isomaltosemolekül scheint jedoch für diese Kanäle zu groß zu sein. Somit wird die These aufgestellt, dass Isomaltose in BEA-Zeolithen nur in einer eindimensionalen Pore wandern kann. Dies erklärt die langsame Desorption. Wenn Isomaltose in eine Pore gelangt ist, muss das Molekül unter Umständen durch die gesamte Pore wandern, um wieder desorbiert zu werden. Die durchschnittliche Partikelgröße der Pulverzeolithe wurde zu einem Durchmesser von $d_P \approx 30$ µm bestimmt. In Abb. 5.7 ist aber zu erkennen, dass die Primärkristalle der Zeolithe auf den Extrudaten deutlich kleiner ($d_P \approx 200$ nm) sind. Demnach haben die adsorbierten Moleküle bei der Desorption in den Extrudaten eine kürzere Wegstrecke. Durch die Extrusion können aber noch weitere Veränderungen am Zeolithgittersystem entstanden sein, die bisher noch nicht untersucht wurden.

Für eine Anwendung der Extrudate im Festbett ist dies ein positives Ergebnis. Für einen kontinuierlichen Betrieb müssen mehrere Festbetten parallel betrieben werden, die sich in den verschiedenen Stadien Adsorption, Waschung, Desorption und Regeneration befinden. Dadurch, dass die Desorption in den Extrudaten deutlich schneller verläuft, bleibt genug Zeit für die anderen Stadien, ohne zusätzliche Pufferreserven bereit stellen zu müssen.

Für das Zeolithpulver, bei dem die Desorption in einem Rührkessel stattfindet und sehr viel länger dauert als die Adsorption, müssen große Zwischenlager für die Zeolithe bereitgestellt werden, wenn ein kontinuierlicher Prozess angestrebt wird.

Letztendlich muss für eine genauere Bestimmung des Diffusionskoeffizienten auch das experimentelle Setup verändert werden. Der Diffusionskoeffizient ist von der Konzentration im Fluid und der Beladung im Adsorbens abhängig. Eine Messung der Diffusion in einer Wicke-Kallenbach-Zelle [158] konnte in dieser Arbeit nicht durchgeführt werden und ist für eine Flüssigphasenanwendung sehr aufwändig zu realisieren. Für diese Art der Diffusionsbestimmung müssen die Zeolithe zu einer Membran verarbeitet werden. Durch diese Behandlung können jedoch neue Hindernisse für den Stofftransport entstehen.

7 Ausblick auf eine molekulare Betrachtung

Die Ergebnisse dieser Arbeit haben gezeigt, dass zur genauen Charakterisierung eines Adsorptiv-Adsorbens-Systems viele experimentelle Untersuchungen notwendig sind. Neben Experimenten besteht die Möglichkeit, die Interaktion zwischen Adsorptiv und Adsorbens durch Modellbetrachtungen und Simulationen zu beschreiben. Der Weg zu einer fundierten molekularen Simulation eines solchen Systems kann aber ebenfalls sehr aufwändig sein. Eine Simulation für das hier beschriebene System BEA-Zeolith und Isomaltose wurde bisher nicht durchgeführt.

Die Methoden der molekularen Simulation sind seit vielen Jahren etabliert und werden kontinuierlich verbessert. Frenkel und Smit [58] geben einen detailierten Überblick und Beispiele über die verschiedenen Techniken. Für die Modellierung von mikroporösen Materialien gibt Catlow et al. [32] einen Einstieg. Molekulare Simulationen haben besonders im Bereich der petrochemischen Anwendungen zu einer besseren Interpretation der Messergebnisse beigetragen und sind in der Lage, Gleichgewichtsparameter, Diffusion und den Einfluss der Selektivität für unbekannte Systeme zu ermitteln [144].
Grundsätzlich muss bei den verschiedenen Techniken beachtet werden, dass nicht jede zur Bestimmung der verschiedenen Parameter geeignet ist. Eine Technik um Gleichgewichtsparameter abzuschätzen ist die Molekular Mechanik (MM). Dabei wird die minimale Oberflächenenergie eines Moleküls berechnet, welches in einem Zeolithen adsorbiert ist [144]. Der Formalismus der MM bedient sich der Quantenmechanik. Durch verschiedene Annäherungsverfahren wird dabei versucht, die Schrödinger-Gleichung zu lösen. Mit der geeigneten Software können diese Berechnungen an herkömmlichen Personalcomputern durchgeführt werden. Ein kommerziell erhältliches Programm für den Einstieg ist z.B. Spartan (Wavefunction, Inc., Irvine, USA). Die MM-Methode wird hauptsächlich für eine Abschätzung verwendet, ob ein potentielles Adsorptiv in eine Zeolithpore passt oder nicht. Die Vergleichbarkeit der berechneten minimalen Oberflächenenergie mit z.B. der Adsorptionsenthalpie ist nicht möglich [144].

Eine Technik, um Wechselwirkungen zwischen Molekülen zu simulieren und somit kinetische Parameter wie den Diffusionskoeffizienten zu berechnen, ist die Molekular Dynamik (MD). Hierbei werden die Kräfte von inter- und intramolekularen Wechselwirkungen bestimmt. Hierfür werden newtonsche Bewegungsgleichungen numerisch gelöst und so die Position und die Geschwindigkeit von Molekülen für jeden Zeitschritt bestimmt [144]. MD-Simulationen sind sehr zeitaufwändig und die Limitierung liegt häufig in der verfügbaren

Rechnerkapazität. Für MD Simulationen werden Clusterrechner verwendet. Als Software kann z.B. DL_POLY (Daresbury Laboratory, Warrington, Cheshire, UK) benutzt werden.

Bei der Berechnung mittels MD wird eine mikroskopische Betrachtung eines Systems durchgeführt. Um aus diesen zu einer Bestimmung des Makrozustandes eines Systems zu gelangen, werden Mittelwerte über die Mikrozustände der einzelnen Teilchen gebildet. Die Gesamtheit dieser Zustände wird als Ensemble bezeichnet. Je nach Zielvorstellung können verschiedene (mikrokanonische, kanonische und großkanonische) Ensemble definiert werden. Die Ensemble unterscheiden sich in ihrer Komplexität und der zur Berechnung nötigen Zeit deutlich.

Für die Berechnung der Diffusionskoeffizienten von Adsorptiven in Zeolithen muss auch die Beweglichkeit des Zeolithgitters beachtet werden. Die Simulation im mikrokanonischen Ensemble generiert unter Umständen Diffusionskoeffizienten, die stark von experimentell bestimmten Werten abweichen [144]. Ein Grund dafür ist, dass Zeolithe nicht als starre Strukturen angesehen werden sollten. Die Bindungen innerhalb des Zeolithkristalls variieren und können die Porenradien verändern.

In den 1990 Jahren wurden bereits verschiedene MD-Untersuchungen von Methan an Zeolithen vom Typ A (LTA) durchgeführt [59]. Dabei konnte gezeigt werden, dass Diffusionskoeffizienten, die an einem animierten Zeolithgitter berechnet wurden, besser mit experimentellen Daten übereinstimmen. Die Porenöffnung eines oszillierenden Gitters beim Zeolith A vergrößert sich um bis zu 0,3 Å [41]. Für die Berechnung eines flexiblen Zeolithgitters steigen die benötigten Rechnerzeiten allerdings um ca. zwei Größenordnungen im Vergleich zu einem starren Gitter [144].

Eine mikroskopische Betrachtung eines Systems aus Adsorbens, Adsorbat und Adsorptiv ist über statistische Methoden der Thermodynamik möglich. Bei diesen sogenannten Monte Carlo (MC) Simulationen werden Zufallszahlen verwendet, um neue Energiezustände der Moleküle zu berechnen. Dazu müssen zuvor mögliche Zustände definiert werden. Innerhalb dieser Simulation wird dann überprüft, ob der neu berechnete Energiezustand akzeptiert oder abgelehnt wird. Das Aufwändige bei der MC Simulation ist die Berechnung der Differenz dieser Energiezustände. Die benötigte Rechenzeit ist ähnlich intensiv wie bei MD-Simulationen [144]. Der Vorteil der MC-Methode ist, dass die reale Natur des Systems nicht beachtet werden muss, sondern neue Konfigurationen einfach erzeugt werden können, auch wenn z.B. eine Diffusionsbarriere vorliegt.

Mit MC-Simulationen werden häufig Gleichgewichtseinstellungen von Adsorbens-Adsorptiv Systemen berechnet. Die experimentellen Isothermen lassen sich dabei durch ein großkanonisches (μVT) Ensemble beschreiben, in dem statt der Teilchenzahl N das chemische Potential μ vorgegeben wird. Zum Vergleich mit experimentellen Daten muss das chemische Potential μ wieder in einen korrespondierenden Partialdruck oder eine Gleichgewichtskonzentration umgerechnet werden.

Eine Erweiterung der statistischen Methoden ermöglicht die Simulation kinetischer Parameter. Hierzu wird die sogenannte dynamische Monte Carlo Technik verwendet. Eine genauere Beschreibung ist in der Dissertation von Schuring [139] zu finden.

Für das hier vorliegende System aus Zeolithen und Kohlenhydraten kommt erschwerend hinzu, dass es sich um eine Flüssigphasenadsorption handelt. Derartige Systeme sind aufgrund ihrer komplexen Wechselwirkungen auch durch molekulare Simulationsmethoden noch wenig erforscht. Erste Ansätze untersuchen die Adsorption aus wässrigen oder verdünnten Lösungen an einer ebenen Wand aus Kohlenstoff [18, 149].

Als Basis für das hier vorliegende System könnten Untersuchungen von Pascual et al. [119] genutzt werden. Mit einem Anisotopic United Atom (AUA)-Modell wurden Isothermen von Cyclohexan an einem puren Silizium-BEA-Zeolithen berechnet.

Für einen Einstieg in die Simulation sollte das System BEA-Zeolith-Kohlenhydrat so weit es geht vereinfacht werden. Das heißt, erste Gleichgewichtsdaten von Monosacchariden an einer starren BEA-Zeolithstruktur könnten mittels Monte Carlo Methoden simuliert werden.

Für so eine Simulation muss der hier verwendete BEA-Zeolith noch verändert werden. Aus dem Atlas of zeolite framework types [5] und der IZA-Datenbank können die idealisierten Strukturen für BEA erhalten werden. Dabei ist zu beachten, dass in dieser Struktur ein reines Silizium-Oxid-Gitter angenommen wird und BEA nur in der Struktur polymorph A vorliegt. Wie in Kap. 2.4 gezeigt wurde, ist BEA für eine derartige Simulation aufgrund der ungeordneten Struktur ungünstig. Weiterhin geht die gegenwärtige Hypothese davon aus, dass die Adsorption der Kohlenhydrate an den aktiven Aluminiumzentren stattfindet. Diese Gitterfehlstellen sind bisher nicht in die idealisierte BEA-Struktur integriert. Hier liegt die erste Herausforderung darin, das verwendete Silizium-Aluminium-Verhältnis (Si/Al = 75) in die Struktur zu implementieren.

Für eine Modellierung mit molekular mechanischen Methoden stehen Berechnungen der Oberflächenenergie von Isomaltose zur Verfügung [17, 82, 120]. Zusammen mit der Struktur von reinen Silizium-BEA Zeolithen sind somit die Grundlagen für einen Einstieg in die Molekulare Simulation vorhanden.

8 Zusammenfassung

Eine reaktionsintegrierte Adsorption zur enzymatischen Herstellung neuartiger Saccharide wurde am Modellzucker Isomaltose untersucht. Für das bereits etablierte und kommerziell erhältliche Enzymsystem Dextransucrase wurde das Downstream Processing charakterisiert. Als Alternativen wurden der Einfluss einer rekombinanten Glucosyltransferase und die Auslagerung der Adsorption in ein externes Festbett untersucht.

Die Auswahlkriterien für das Adsorbens, welches in der Slurryanwendung eingesetzt wird, sind hohe Kapazität und Selektivität. Dies gilt besonders für die Trennung von Glukose und Isomaltose. Die ursprüngliche Festlegung auf Zeolith BEA 150 durch Einpunktmessungen im Henry-Bereich wurden durch Isothermen bis in den hohen Konzentrationsbereich überprüft. Unter den drei verglichenen Modulen BEA 25, 150 und 450 zeigte BEA 150 die höchste Adsorptionsgleichgewichtskonstante $K_{i,L}$ und Sättigungs-beladung $q_{i,max}$ für Isomaltose. Diese Ergebnisse bestätigen somit die Aussage aus den Henry-Konstanten.
Das Si/Al-Verhältnis der drei untersuchten Module zeigte für Fruktose keinen ausgeprägten Unterschied im Isothermenverlauf. Im relevanten Konzentrationsbereich bis $100\ g\cdot L^{-1}$ verlaufen die Fruktose-Isothermen nahezu linear. Für Glukose liegt an BEA 450 eine Isotherme vom Typ III vor. Dieser Isothermentyp ist für die Adsorption ungünstig. Durch die, im Vergleich zu BEA 150, schwächer ausgeprägte Typ I Isothermen von Isomaltose an BEA 450 könnte dieses Adsorbens zu einer höheren Selektivität von Isomaltose und Glukose führen als bei BEA 150. Für eine Festbettanwendung kann die geringe Kapazität von BEA 450 für Isomaltose durch eine größere Menge an Adsorbens kompensiert werden. BEA 450 ist für das hier beschriebene Produktionssystem eine interessante Alternative und sollte weiter untersucht werden.

Die Untersuchung der Waschbedingungen zeigte, dass eine kurze und kalte Wäsche am effektivsten ist. Bei hohen Waschtemperaturen kommt es zur vorzeitigen ungewünschten Desorption von Isomaltose. Die Zeolithkonzentration im Reaktor und die Betriebsweise der Produktion beeinflussen die Aufarbeitung ebenfalls. Für die kontinuierliche Betriebsweise des MBRA sollte die Zeolithkonzentration sehr gering gewählt werden. Dies verringert die Koadsorption mit Glukose und erleichtert die Aufreinigung. Für eine diskontinuierliche Betriebsweise sollte die Zeolithkonzentration so hoch wie möglich gewählt werden, um möglichst viel Isomaltose aus dem System zu entfernen.
In Desorptionsuntersuchungen wurden die Hinweise auf eine schwierige Desorption (hohe Adsorptionsenthalpie, Typ I Isotherme, Verluste bei hohen Waschtemperaturen) bestätigt.

Zur Desorption ist eine erhöhte Temperatur nötig. Bei 90 °C kam es jedoch zu Produktschäden. Bei 50 °C dauert die Desorption ca. 6 mal länger als bei 70 °C. Als Eluent zeigte Wasser eine ausreichende Effizienz. Die Zugabe von Ethanol (Verdrängungsdesorption) erscheint hingegen als nicht wirtschaftlich, da der Desorptionserfolg nicht deutlich erhöht wird. Die Auswahl des Desorptionsverfahrens zeigte, dass sowohl eine Gegen- als auch eine Kreuzstromdesorption möglich ist. Eine dreistufige Kreuzstromdesorption führte dabei zu einer vollständigen Entladung der Zeolithe.
Für eine mehrfache Wiederverwendung der Pulverzeolithe muss ein erhöhter Aufwand für die Konditionierung betrieben werden. Dabei ist vor allem der Einfluss von Natriumionen und der Restwassergehalt in den Zeolithen maßgeblich für den Erfolg der Wiederverwendung. Ohne den Einsatz von Natriumionen und ohne Aktivierung bei 400 °C verlieren Pulverzeolithe ihre Kapazität für Isomaltose nach der ersten Desorption. Die Lagerung der Zeolithe in wässrigen Puffersystemen wirkt sich ebenfalls negativ auf die Kapazität aus.

Als vergrößerte Formkörper für eine Anwendung im externen Festbett zeigten Extrudate mit einer Aluminium-Phosphat-Sintermatrix gute Eigenschaften. Durch eine makroporöse Porenstruktur zeigen die Extrudate eine langsamere Adsorption als Pulverzeolithe, an denen die Adsorption instantan stattfindet. Die Henry-Isothermen für Isomaltose zeigen an Extrudaten bei 4 °C eine höhere Affinität als an Pulverzeolithen. Im Falle einer Festbettanwendung wäre die niedrige Temperatur bei der Adsorption an Extrudaten nutzbar. Für Pulverzeolithe ist dies aufgrund des Temperaturoptimums des Enzyms nicht möglich.
Die Desorption der Extrudate verläuft schneller als an Pulverzeolithen und kann durch Zugabe von Ethanol forciert werden. Die Aufreinigung mit Extrudaten ist möglich. Die optimalen Waschbedingungen müssen noch untersucht werden. Für die mehrfache Wiederverwendung der Extrudate muss auch wie bei Pulverzeolithen eine Behandlung mit Natriumionen und eine Aktivierung erfolgen.

Die Übertragbarkeit dieser adsorptiven Aufreinigung ist auch für Leukrose und Glycoin möglich. Um diese Technik aber für andere Saccharide zu untersuchen, sind Hochleistungs-Screening-Systeme nötig. Für die Adsorption von Kohlenwasserstoffen sind verschiedene Methoden des Molekular Modelling etabliert. Wenn es gelingt, diese Methoden für Saccharid-Zeolith-Interaktionen zu nutzen, kann das Verständnis für die Adsorption verbessert und die Auswahl eines geeigneten Adsorbens erleichtert werden.

9 Literaturverzeichnis

[1] Ada, G. und Isaacs, D., "*Carbohydrate-protein conjugate vaccines*", Clinical Microbiology & Infection, 9(2): p. 79-85, 2003.

[2] Ahrens, M., Marie, O., Bazin, P., Daturi, M., "*Fe-H-BEA and Fe-H-ZSM-5 for NO2 removal from ambient air - A detailed in situ and operando FTIR study revealing an unexpected positive water-effect*", Journal of Catalysis, 271(1): p. 1-11, 2010.

[3] Alberts, B. und Jaenicke, L., "*Molekularbiologie der Zelle*", 4. Aufl. ed. Cell biology interactive. Weinheim: Wiley-VCH, 2004.

[4] American_Chemical_Soc., "*Molecular Sieve Zeolites I*", ed. E.M. Flanigen. Washington, DC: American Chemical Soc., 1971.

[5] Baerlocher, C., McCusker, L.B., Olson, D.H., "*Atlas of zeolite framework types*". Amsterdam: Elsevier, 2007.

[6] Bälow, M. und Micke, A., "*Determination of transport coefficients in microporous solids*", Adsorption, 1(1): p. 29-48, 1995.

[7] Bárcia, P.S., Silva, J.A.C., Rodrigues, A.E., "*Multicomponent sorption of hexane isomers in zeolite BETA*", AIChE Journal, 53(8): p. 1970-1981, 2007.

[8] Bárcia, P.S., Zapata, F., Silva, J.A.C., Rodrigues, A.E., Chen, B., "*Kinetic Separation of Hexane Isomers by Fixed-Bed Adsorption with a Microporous Metal-Organic Framework*", The Journal of Physical Chemistry B, 111(22): p. 6101-6103, 2007.

[9] Barrer, R.M. und Brook, D.W., "*Molecular Diffusion in Chabazite, Mordenite and Levynite*", Trans. Faraday Soc., 49: p. 1049-1059, 1953.

[10] Batel, W., "*Menge und Verhalten der Zwischenraumflüssigkeit in körnigen Stoffen*", Chemie Ingenieur Technik, 33(8): p. 541-547, 1961.

[11] Bathen, D., "*Untersuchungen zur Desorption durch Mikrowellen*", Fortschr.-Ber. VDI, Reihe 3, (548), 1998.

[12] Bathen, D. und Breitbach, M., "*Adsorptionstechnik*". VDI-Buch. Berlin [u.a.]: Springer, 2001.

[13] Bekkum, H.v.B., A.C., "*Carbohydrates as Chemical Feedstock*", Chemistry for Sustainable Development, 11: p. 11-21, 2003.

[14] Berensmeier, S., "*Two Different Approaches for Enzymatic Carbohydrate Synthesis*", TU Braunschweig, Dissertation, 2004.

[15] Berensmeier, S. und Buchholz, K., "*Separation of isomaltose from high sugar concentrated enzyme reaction mixture by dealuminated [beta]-zeolite*", Separation and Purification Technology, 38(2): p. 129-138, 2004.

[16] Berensmeier, S., Ergezinger, M., Bohnet, M., Buchholz, K., "*Design of immobilised dextransucrase for fluidised bed application*", J Biotechnol, 114(3): p. 255-67, 2004.

[17] Best, R.B., Jackson, G.E., Naidoo, K.J., *"Molecular Dynamics and NMR Study of the Î±(1â†'4) and Î±(1â†'6) Glycosidic Linkages: Maltose and Isomaltose"*, The Journal of Physical Chemistry B, 105(20): p. 4742-4751, 2001.

[18] Billes, W., Tscheliessnig, R., Sobczak, L., Wendland, M., Fischer, J., Kolafa, J., *"Adsorption isotherms for dilute solutions via the mean force method"*, Molecular Simulation, 33(8): p. 655 - 666, 2007.

[19] Breck, D.W., *"Zeolite molecular sieves : structure, chemistry, and use"*. New York [u.a.]: Wiley, 1974.

[20] Brockhaus, *"Brockhaus Konversations-Lexikon"*. Neunter Band Hencke bis Juxta. Vol. 14. Leipzig, 1902.

[21] Broughton, D.B., *"Bulk Separations via Adsorption."* Chemical Engineering Progress, 73(10): p. 49-51, 1977.

[22] Brown, H.T. und Morris, G.H., *"LXXV.-On the "isomaltose" of C.J. Lintner"*, J. Chem. Soc, Trans., 67: p. 709-738, 1895.

[23] Brunauer, S., Emmett, P.H., Teller, E., *"Adsorption of Gases in Multimolecular Layers"*, Journal of the American Chemical Society, 60(2): p. 309-319, 1938.

[24] Buchholz, K. und Seibel, J., *"Enzymatic Oligosaccharide Synthesis"*, in *Encyclopedia of industrial biotechnology. Bioprocess, bioseparation, and cell technology*, M.C. Flickinger, Editor, Wiley-Blackwell: Oxford, 2010.

[25] Buttersack, C., *"Separation by adsorption, chromatography or membranes"*, Zuckerindustrie, 124(11): p. 846-858, 1999.

[26] Buttersack, C., Fornefett, I., Mahrholz, J., Buchholz, K., *"Specific adsorption from aqueous phase on apolar zeolites"*
Studies in Surface Science and Catalysis, in *Progress in Zeolite and Microporous Materials, Preceedings of the 11th International Zeolite Conference*, S.-K.I.a.Y.S.U. Hakze Chon, Editor, Elsevier, 1997.

[27] Buttersack, C. und Laketic, D., *"Hydrolysis of disaccharides by dealuminated Y-zeolites"*, in *Zeolite Science 1994: Recent Progress and Discussions - Supplementary Materials to the 10th International Zeolite Conference, Garmish-Partenkirchen, Germany, July 17-22, 1994*, H.G.K.a.J. Weitkamp, Editor, Elsevier, 1995.

[28] Buttersack, C., Rudolph, H., Mahrholz, J., Buchholz, K., *"High Specific Interaction of Polymers with the Pores of Hydrophobic Zeolites"*, Langmuir, 12(13): p. 3101-3106, 1996.

[29] Buttersack, C., Wach, W., Buchholz, K., *"Adsorption of Glucose and Fructose Containing Disaccharides on Different Faujasites"*
Studies in Surface Science and Catalysis, in *Zeolites and Related Microporous Materials: State of the Art 1994, Proceedings of the 10th International Zeolite Conference*, H.G.K. J. Weitkamp, H. Pfeifer and W. Hölderich, Editor, Elsevier, 1994.

[30] Buttersack, C., Wach, W., Buchholz, K., *"Specific adsorption of saccharides by dealuminated Y-zeolites"*, The Journal of Physical Chemistry, 97(46): p. 11861-11864, 1993.

[31] Byers, C.H., Sisson, W.G., DeCarli, J.P., Carta, G., "*Sugar separations on a pilot scale by continuous annular chromatography*", Biotechnology Progress, 6(1): p. 13-20, 1990.

[32] Catlow, C.R.A., Santen, R.A.v., Smit, B., "*Computer modelling of microporous materials*". Amsterdam [u.a.]: Elsevier Acad. Press, 2004.

[33] Chen, H.-L., Lu, Y.-H., Lin, J.-J., Ko, L.-Y., "*Effects of Isomalto-Oligosaccharides on Bowel Functions and Indicators of Nutritional Status in Constipated Elderly Men*", J Am Coll Nutr, 20(1): p. 44-49, 2001.

[34] Chen, N.Y., Degnan, T.F., Smith, C.M., "*Molecular transport and reaction in zeolites. Design and application of shape selective catalysts*". New York, N.Y [u.a.]: VCH, 1994.

[35] Chen, Y., Zhu, G., Peng, Y., Bi, H., Feng, J., Qiu, S., "*Synthesis and characterization of pure-silica-zeolite Beta low-k thin films*", Microporous and Mesoporous Materials, 123(1-3): p. 45-49, 2009.

[36] Chen, Y., Zhu, G., Peng, Y., Yao, X., Qiu, S., "*Synthesis and characterization of (h0l) oriented high-silica zeolite beta membrane*", Microporous and Mesoporous Materials, 124(1-3): p. 8-14, 2009.

[37] Chmiel, H., "*Bioprozesstechnik : Einführung in die Bioverfahrenstechnik*", ed. H. Chmiel and S. Briechle. München: Elsevier, Spektrum Akad. Verl., 2006.

[38] Crank, J., "*The mathematics of diffusion*", 2. ed., reprinted ed. Oxford science publications. Oxford: Oxford Univ. Press, 1975.

[39] Czermak, P., Ebrahimi, M., Grau, K., Netz, S., Sawatzki, G., Pfromm, P.H., "*Membrane-assisted enzymatic production of galactosyl-oligosaccharides from lactose in a continuous process*", Journal of Membrane Science, 232(1-2): p. 85-91, 2004.

[40] Databases, Pubmed, http://pubchem.ncbi.nlm.nih.gov/summary/summary.cgi?sid=3551&viewopt=PubChem, 2010.

[41] Demontis, P. und Suffritti, G.B., "*Molecular dynamics simulations of diffusion in a cubic symmetry zeolite*"
Studies in Surface Science and Catalysis, in *Zeolites and Related Microporous Materials: State of the art 1994, Proceedings of the 10th International Zeolite Conference*, H.G.K. J. Weitkamp, H. Pfeifer and W. Hölderich, Editor, Elsevier, 1994.

[42] Deutsche Plattform Weisse Biotechnologie, h.d.d.s., "*Positionspapier "Weisse Biotechnologie""*, 2008.

[43] Diercks, R., Arndt, J.-D., Freyer, S., Geier, R., Machhammer, O., Schwartze, J., Volland, M., "*Raw Material Changes in the Chemical Industry*", Chemical Engineering & Technology, 31(5): p. 631-637, 2008.

[44] DIN-66-133, "*Bestimmung der Porenvolumenverteilung und der spezifischen Oberfläche von Feststoffen durch Quecksilberintrusion*", 1993.

[45] DIN-ISO-9277, "*Bestimmung der spezifischen Oberfläche von Feststoffen durch Gasadsorption nach dem BET-Verfahren*", 2003.

[46] Do, D.D., "*Adsorption analysis: Equilibria and Kinetics*". Series on chemical engineering ; 2. London: Imperial College Press, 1998.

[47] Dörfler, H.-D., "*Grenzflächen- und Kolloidchemie*". Weinheim [u.a.]: VCH, 1994.

[48] Ed. Jalowetz, "*Die Isomaltose*", Zeitschrift für Angewandte Chemie, 18(5): p. 171, 1905.

[49] Ergezinger, M., "*Integrierte enzymatische Produktion und Adsorption von Isomaltose in einem Mehrphasenreaktor*", TU Braunschweig, Dissertation, 2005.

[50] Erhardt, F.A., "*Tailor-made biocatalysts for integrated adsorption and systhesis of saccharides in a multiphase reactor*", TU Braunschweig, Dissertation, 2008.

[51] Erhardt, F.A., Kügler, J., Chakravarthula, R.R., Jördening, H.-J., "*Co-immobilization of dextransucrase and dextranase for the facilitated synthesis of isomalto-oligosaccharides: Preparation, characterization and modeling*", Biotechnology and Bioengineering, 100(4): p. 673-683, 2008.

[52] Erk, A., "*Rheologische Eigenschaften feindisperser Suspensionen während ihrer Fest-Flüssig-Trennung in Filtern und Zentrifugen*". Berichte aus der Verfahrenstechnik. Aachen: Shaker, 2006.

[53] Ernst, B., Hart, G.W., Sina, P., "*Chemical synthesis of glycosides and glycomimetics*". Carbohydrates in chemistry and biology ; Pt. 1
Chemistry of saccharides ; [1]. Weinheim [u.a.]: Wiley-VCH, 2000.

[54] Ferreira, A.F.P., Mittelmeijer-Hazeleger, M.C., Bliek, A., Moulijn, J.A., "*Influence of Si/Al ratio on hexane isomers adsorption equilibria*", Microporous and Mesoporous Materials, 111(1-3): p. 171-177, 2008.

[55] Fischer, E., "*Synthese einer neuen Glucobiose*", Berichte der deutschen chemischen Gesellschaft, 23(2): p. 3687-3691, 1890.

[56] Fornefett, I., "*Adsorption und Chromatographie von Kohlenhydraten und anderen Hydroxyverbindungen an Zeolithen*". TU Braunschweig, Dissertation, 1999.

[57] Freiding, J., Patcas, F.-C., Kraushaar-Czarnetzki, B., "*Extrusion of zeolites: Properties of catalysts with a novel aluminium phosphate sintermatrix*", Applied Catalysis A: General, 328(2): p. 210-218, 2007.

[58] Frenkel, D. und Smit, B., "*Understanding molecular simulation. From algorithms to applications*", 2. ed. Computational science series; 1. San Diego, Calif. [u.a.]: Acad. Press, 2002.

[59] Fritzsche, S., Haberlandt, R., Kärger, J., Pfeifer, H., Waldherr-Teschner, M., "*An MD study of methane diffusion in zeolites of structure type LTA*"
Studies in Surface Science and Catalysis, in *Zeolites and Related Microporous Materials: State of the art 1994, Proceedings of the 10th International Zeolite Conference*, H.G.K. J. Weitkamp, H. Pfeifer and W. Hölderich, Editor, Elsevier, 1994.

[60] Garcia-Delgado, R.A., Cotoruelo-Minguez, L.M., Rodriguez, J.J., "*Equilibrium Study of Single-Solute Adsorption of Anionic Surfactants with Polymeric XAD Resins*", Separation Science and Technology, 27(7): p. 975 - 987, 1992.

[61] Gillian Eggleston und Cote, G.L. "*Oligosaccharides in food and agriculture*". *[Symposium Oligosaccharides in Food and Agriculture; held April 2002 in Orlando, Florida at the 223rd ACS national meeting]*, in *ACS symposium series ; 849*. Washington, DC: American Chemical Society, 2003.

[62] Gimelli, S.P., "*Carbohydrates. Fundamentals and applications*". Port Washington [u.a.]: Micelle Press, 2006.

[63] Goulas, A.K., Cooper, J.M., Grandison, A.S., Rastall, R.A., "*Synthesis of isomaltooligosaccharides and oligodextrans in a recycle membrane bioreactor by the combined use of dextransucrase and dextranase*", Biotechnology and Bioengineering, 88(6): p. 778-787, 2004.

[64] Gu, J.-F., Zhang, X.-J., Wang, J.-Z., Xu, J., Deng, F., Yuan, Z.-Y., "*Synthesis of B-Beta zeolite and its modification with orthophosphoric acid*" *Studies in Surface Science and Catalysis*, in *Zeolites and related materials: Trends, targets and challenges, Proceedings of the 4th International FEZA Conference*, P.M.a.F.B. Antoine Gédéon, Editor, Elsevier, 2008.

[65] Guddat, S., Thevis, M., Schänzer, W., "*Identification and quantification of the plasma volume expander dextran in human urine by liquid chromatography-tandem mass spectrometry of enzymatically derived Isomaltose*", Biomedical Chromatography, 19(10): p. 743-750, 2005.

[66] Guillemot, M., Mijoin, J., Mignard, S., Magnoux, P., "*Adsorption of tetrachloroethylene (PCE) in gas phase on zeolites of faujasite type: Influence of water vapour and of Si/Al ratio*", Microporous and Mesoporous Materials, 111(1-3): p. 334-342, 2008.

[67] Gustafson, R.L., Albright, R.L., Heisler, J., Lirio, J.A., Reid, O.T., "*Adsorption of Organic Species by High Surface Area Styrene-Divinylbenzene Copolymers*", Ind. Eng. Chem. Prod. Res. Dev., 7(2): p. 107-115, 1968.

[68] Guthrie, R.D. und Honeyman, J., "*An introduction to the chemistry of carbohydrates*", 3. ed. Oxford: Clarendon Press, 1968.

[69] Hadjiivanov, K., Penkova, A., Kefirov, R., Dzwigaj, S., Che, M., "*Influence of dealumination and treatments on the chromium speciation in zeolite CrBEA*", Microporous and Mesoporous Materials, 124(1-3): p. 59-69, 2009.

[70] Heiden, S. und Zinke, H., "*Weiße Biotechnologie - Industrie im Aufbruch*". Berlin: Biocom, 2006.

[71] Hellmuth, H., Wittrock, S., Kralj, S., Dijkhuizen, L., Hofer, B., Seibel, J., "*Engineering the Glucansucrase GTFR Enzyme Reaction and Glycosidic Bond Specificity: Toward Tailor-Made Polymer and Oligosaccharide Products*", Biochemistry, 47(25): p. 6678-6684, 2008.

[72] Heper, M., Türker, L., Kincal, N.S., "*Sodium, ammonium, calcium, and magnesium forms of zeolite Y for the adsorption of glucose and fructose from aqueous solutions*", Journal of Colloid and Interface Science, 306: p. 11-15, 2007.

[73] Hoffner, B., "*Ein neuartiges Verfahren zur Feststoffwaschung - Die Anwendung des Wanderbetts zur hochgradigen Aufreinigung partikulär-disperser Systeme*", Shaker: Aachen, 2006.

[74] Hoffner, B., Fuchs, B., Heuser, J., "*Waschverfahren partikulär-disperser Systeme - Verfahrensspektrum und Aspekte der Verfahrensauswahl*", Chemie Ingenieur Technik, 75(9): p. 1197-1204, 2003.

[75] Holtkamp, M., Erhardt, F.A., Jördening, H.-J., Scholl, S., "*Reaction-integrated separation of isomaltose by ad- and desorption on zeolite*", Chemical Engineering and Processing: Process Intensification, 48(4): p. 852-858, 2009.

[76] Holtkamp, M. und Scholl, S., "*Adsorption properties of BEA zeolites and their aluminum phosphate extrudates for purification of isomaltose*", *Adsorption*, Springer Netherlands, p. 1-11, DOI: 10.1007/s10450-011-9339-1, Online First™: 2 March 2011.

[77] Holtkamp, M. und Scholl, S., "*Downstream Processing for Isomaltose following a Reaction Integrated Adsorption*", Chemie Ingenieur Technik, 83(1-2): p. 191-194, 2011.

[78] Holub, I., Gostner, A., Theis, S., Nosek, L., Kudlich, T., Melcher, R., Scheppach, W., "*Novel findings on the metabolic effects of the low glycaemic carbohydrate isomaltulose (Palatinose)*", British Journal of Nutrition, First View: p. 1-8, 2010.

[79] Isnard, N., Fodil-Bourahla, I., Robert, A.M., Robert, L., "*Pharmacology of skin aging. Stimulation of glycosaminoglycan biosynthesis by L-fucose and fucose-rich polysaccharides, effect of in vitro aging of fibroblasts*", Biomedecine & Pharmacotherapy, 58(3): p. 202-204, 2004.

[80] Jansen, J.C., Kashchiev, D., Erdem-Senatalar, A., "*Preparation of Coatings of Molecular Sieve Crystals for Catalysis and Separation*" *Studies in Surface Science and Catalysis*, in *Advanced Zeolite Science and Applications*, M.S. J.C. Jansen, H.G. Karge and J. Weitkamp, Editor, Elsevier, 1994.

[81] Jasra, R.V. und Bath, S. G. T., "*Adsorptive Bulk Separations by Zeolite Molecular Sieves*", Separation Science and Technology, 23(10 & 11): p. 945-989, 1988.

[82] Javaroni, F., Ferreira, A.B.B., da Silva, C.O., "*The ([alpha]-1,6) glycosidic bond of isomaltose: a tricky system for theoretical conformational studies*", Carbohydrate Research, 344(10): p. 1235-1247, 2009.

[83] Johnson, J.A. und Oroskar, A.R., "*Sorbex Technology for Industrial Scale Separation*" *Studies in Surface Science and Catalysis*, in *Zeolites as Catalysts, Sorbents and Detergent Builders - Applications and Innovations, Proceedings of an International Symposium*, H.G.K.a.J. Weitkamp, Editor, Elsevier, 1989.

[84] Jong Won Yun, M.G.L., Seung Koo Song, "*Continuous produktion of isomalto-oligosaccharides from maltose syrup by immobilized cells of permeabilized aureobasidium pullulans*", Biotechnology Letters, 16(11), 1994.

[85] Jördening, H.-J., Erhardt, F.A., Holtkamp, M., Buchholz, K., Scholl, S., "*Verfahrens- und Katalysatordesign als Aufarbeitungsstrategie für die enzymatische Darstellung von Isomaltose*", Chemie Ingenieur Technik, 80(6): p. 867-874, 2008.

[86] Kärger, J. und Ruthven, D.M., "*Diffusion in zeolites and other microporous solids*". A Wiley Interscience publication. New York [u.a.]: Wiley, 1992.

[87] Kaskel, S., "*Festkörperchemie - Poren per Baukasten*", Nachrichten aus der Chemie, 53(4): p. 394-399, 2005.

[88] Keßler, L.C., Gueorguieva, L., Rinas, U., Seidel-Morgenstern, A., "*Step gradients in 3-zone simulated moving bed chromatography: Application to the purification of antibodies and bone morphogenetic protein-2*", Journal of Chromatography A, 1176(1-2): p. 69-78, 2007.

[89] Kikhtyanin, O.V., Ione, K.G., Snytnikova, G.P., Malysheva, L.V., Toktarev, A.V., Paukshtis, E.A., Spichtinger, R., Schüth, F., Ungei, K.K., "*Anthraquinones formation on zeolites with BEA structure*"
Studies in Surface Science and Catalysis, in *Zeolites and Related Microporous Materials: State of the art 1994, Proceedings of the 10th International Zeolite Conference*, H.G.K. J. Weitkamp, H. Pfeifer and W. Hölderich, Editor, Elsevier, 1994.

[90] Kiyosawa, K., "*The Volumes of Hydrated Glucose, Sucrose and Raffinose Molecules, and the Osmotic Pressures of These Aqueous Saccharide Solutions as Measured by the Freezing-Point-Depression Method*", Bulletin of the Chemical Society of Japan, 61(3): p. 633-642, 1988.

[91] Kortunov, P., Chmelik, C., Kärger, J., Rakoczy, R., Ruthven, D., Traa, Y., Vasenkov, S., Weitkamp, J., "*Sorption Kinetics and Intracrystalline Diffusion of Methanol in Ferrierite: An Example of Disguised Kinetics*", Adsorption, 11(3): p. 235-244, 2005.

[92] Kulprathipanja, S., "*Zeolites in industrial separation and catalysis*". Weinheim: Wiley-VCH, 2010.

[93] Kumar, M., Santhosh , Anders, H., De, C., "*The influence of pore geometry of Pt containing ZSM-5, Beta and SBA-15 catalysts on dehydrogenation of propane*", Microporous and Mesoporous Materials, 126(1-2): p. 152-158, 2009.

[94] Laha, S.C., Venkatesan, C., Sakthivel, A., Komura, K., Kim, T.H., Cho, S.J., Huang, S.-J., Wu, P.-H., Liu, S.-B., Sasaki, Y., Kobayashi, M., Sugi, Y., "*Highly stable aluminosilicates with a dual pore system: Simultaneous formation of meso- and microporosities with zeolitic BEA building units*", Microporous and Mesoporous Materials, 133(1-3): p. 82-90, 2010.

[95] Langmuir, I., "*The adsorption of gases on plane surfaces of glass, mica and platinum*", Journal of the American Chemical Society, 40(9): p. 1361-1403, 1918.

[96] Lee, H.C., Kim, J.H., Kim, S.Y., Lee, J.K., "*Isomaltose Production by Modification of the Fructose-Binding Site on the Basis of the Predicted Structure of Sucrose Isomerase from "Protaminobacter rubrum"*", Appl. Environ. Microbiol., 74(16): p. 5183-5194, 2008.

[97] Li, H., Li, M., Chu, Y., Nie, H., "*Influence of different modified [beta] zeolite on skeletal isomerization of n-hexene in the presence of hydrogen*", Microporous and Mesoporous Materials, 117(3): p. 635-639, 2009.

[98] Lima, P.M., Gonçalves, C.V., Cavalcante Jr, C.L., Cardoso, D., "*Sorption kinetics of linear paraffins in zeolite BEA nanocrystals*", Microporous and Mesoporous Materials, 116(1-3): p. 352-357, 2008.

[99] Lockhoff, O., "*Glycolipide als Immunmodulatoren - Synthesen und Eigenschaften*", Angewandte Chemie, 103(12): p. 1639-1649, 1991.

[100] Loewenstein, W., "*The Distribution of Aluminium in the Tetrahedra of Silicates and Aluminates*", American Mineralogist, 39(1,2): p. 92-96, 1954.

[101] Lomax, A.R. und Calder, P.C., "*Prebiotics, immune function, infection and inflammation: a review of the evidence*", British Journal of Nutrition, 101(05): p. 633-658, 2009.

[102] Loo, J.V., Cummings, J., Delzenne, N., Englyst, H., Franck, A., Hopkins, M., Kok, N., Macfarlane, G., Newton, D., Quigley, M., Roberfroid, M., van Vliet, T., van den Heuvel, E., "*Functional food properties of non-digestible oligosaccharides: a consensus report from the ENDO project (DGXII AIRII-CT94-1095)*", British Journal of Nutrition, 81(02): p. 121-132, 1999.

[103] Luckenbach, R., Beilstein, F.K., Prager, B., Jacobson, P., "*Handbuch der organischen Chemie [System-Nr. 2450 - 2456]*", 4. Aufl ed. Handbuch der organischen Chemie ; Erg.-Werk 3/4
Die Literatur von 1930 bis 1959 umfassend ; Bd. 17, T. 4. Berlin [u.a.]: Springer, 1975.

[104] Luckert, K., "*Handbuch der mechanischen Fest-Flüssig-Trennung*". Essen: Vulkan-Verl., 2004.

[105] Mazaja, M., Stevens, W.J.J., Logara, N.Z., Tusara, N.N., Ristic, A., Cool, P., Kaucic, V., "*Deposition of Ti-modified aluminium-free zeolite Beta on SBA-15*"
Studies in Surface Science and Catalysis, in *Zeolites and related materials: Trends, targets and challenges, Proceedings of the 4th International FEZA Conference*, P.M.a.F.B. Antoine Gédéon, Editor, Elsevier, 2008.

[106] Merabti, R., Abreu, J.G., Pinard, L., Leroux, B., Lemberton, J.L., Magnoux, P., Barama, A., Ribeiro, F.R., Moljord, K., "*Hydroisomerization of n-hexadecane on Pt/HBEA bifunctional catalysts: effect of the zeolite crystallites size on the reaction scheme*"
Studies in Surface Science and Catalysis, in *Zeolites and related materials: Trends, targets and challenges, Proceedings of the 4th International FEZA Conference*, P.M.a.F.B. Antoine Gédéon, Editor, Elsevier, 2008.

[107] Merabti, R., Pinard, L., Lemberton, J., Magnoux, P., Barama, A., Moljord, K., "*Effect of Na exchange of a HBEA zeolite on the activity and the selectivity of a bifunctional Pt-HBEA catalyst for n-hexadecane hydroisomerization. Comparison with a Pt-HZSM-22 catalyst*", Reaction Kinetics, Mechanisms and Catalysis, 2010.

[108] Meyers, "*Meyers Konversations-Lexikon*". Neunter Band - Hübbe-Schleiden bis Kausler. Vol. 5. Leipzig und Wien, 1895.

[109] Miyake, T., Sakai, S., Shibuya, T., "*Process for producing a high-purity isomaltose*". Kabushiki Kaisha Hayashibara,
Seibutsu Kagaku Kenkyujo: United States Patent: 4,521,252, 1985.

[110] Mizubuchi, H., Yajima, T., Aoi, N., Tomita, T., Yoshikai, Y., "*Isomalto-Oligosaccharides Polarize Th1-Like Responses in Intestinal and Systemic Immunity in Mice*", J. Nutr., 135(12): p. 2857-2861, 2005.

[111] Mosca, A., Ahrman, O., Hedlund, J., Perdana, I., Creaser, D., "*NO2 and N2 sorption in MFI films with varying Si/Al and Na/Al ratios*", Microporous and Mesoporous Materials, 120(3): p. 195-205, 2009.

[112] Muffler, K. und Ulber, R., "*Use of Renewable Raw Materials in the Chemical Industry - Beyond Sugar and Starch*", Chemical Engineering & Technology, 31(5): p. 638-646, 2008.

[113] Muldoon, C., Maguire, P., Gleeson, F., "*Onset of Sucrase-Isomaltase Deficiency in Late Adulthood*", AJG, 94(8), 1999.

[114] Müller, R.H., Nitzsche, R., Paulke, B. "*Zetapotential und Partikelladung in der Laborpraxis. Einführung in die Theorie, praktische Meßdurchführung, Dateninterpretation*", in *Colloidal Drug Carriers - 1st Expert Meeting Berlin*. Berlin: Wissenschaftliche Verlagsgesellschaft, 1996.

[115] Newsam, J.M., Treacy, M.M.J., Koetsier, W.T., Gruyter, C.B.D., "*Structural Characterization of Zeolite Beta*", Proceedings of the Royal Society of London. A. Mathematical and Physical Sciences, 420(1859): p. 375-405, 1988.

[116] Ost, H., "*Die Isomaltose*", Zeitschrift für Angewandte Chemie, 17(44): p. 1663-1670, 1904.

[117] Otten, W., Gail, E., Frey, T., "*Einsatzmöglichkeiten hydrophober Zeolithe in der Adsorptionstechnik*", Chemie Ingenieur Technik, 64(10): p. 915-925, 1992.

[118] Ouchemoukh, S., Schweitzer, P., Bachir Bey, M., Djoudad-Kadji, H., Louaileche, H., "*HPLC sugar profiles of Algerian honeys*", Food Chemistry, 121(2): p. 561-568, 2010.

[119] Pascual, P., Kirsch, H.I.n., Boutin, A., Paillaud, J.-L., Soulard, M., Tavitian, B., Faye, D., Fuchs, A.H., "*Adsorption of Various Hydrocarbons in Siliceous Zeolites: A Molecular Simulation Study*", Adsorption, 11(0): p. 379-382, 2005.

[120] Pereira, C.S., Kony, D., Baron, R., Müller, M., van Gunsteren, W.F., Hünenberger, P.H., "*Conformational and Dynamical Properties of Disaccharides in Water: a Molecular Dynamics Study*", Biophysical Journal, 90: p. 4337-4344, 2006.

[121] Pigman, W. und Horton, D., "*The carbohydrates / chemistry and biochemistry ; Vol. 2,A*", 2. ed., New York and London: Academic Press, 1970.

[122] Pinelo, M., Jonsson, G., Meyer, A.S., "*Membrane technology for purification of enzymatically produced oligosaccharides: Molecular and operational features affecting performance*", Separation and Purification Technology, 70(1): p. 1-11, 2009.

[123] Plante, O.J., Palmacci, E.R., Seeberger, P.H., "*Automated Solid-Phase Synthesis of Oligosaccharides*", Science, 291(5508): p. 1523-1527, 2001.

[124] Polatoglu, I. und Cakicioglu-Ozkan, F., "*Aqueous interactions of zeolitic material in acidic and basic solutions*", Microporous and Mesoporous Materials, 132(1-2): p. 219-225, 2010.

[125] Pringsheim, H., Bondi, J., Leibowitz, J., "*Über Reversions-Synthesen, II: Gentiobiose und Isomaltose*", Berichte der deutschen chemischen Gesellschaft (A and B Series), 59(8): p. 1983-1986, 1926.

[126] ProcessNet-Temporärer Arbeitskreis der DECHEMA, "*Diskussionspapier - Selektive Trenntechniken - Chancen zu Innovation und Nachhaltigkeit in der Biotechnologie und bei der Nutzung nachwachsender Rohstoffe*", 2008.

[127] Pschyrembel, W., "*Pschyrembel Klinisches Wörterbuch. Mit 250 Tabellen*", 258., neu bearb. Aufl ed. Berlin [u.a.]: de Gruyter, 1998.

[128] Ratner, D.M., Adams, E.W., Disney, M.D., Seeberger, P.H., "*Tools for Glycomics: Mapping Interactions of Carbohydrates in Biological Systems*", ChemBioChem, 5(10): p. 1375-1383, 2004.

[129] Reitmeier, S.J., Gobin, O.C., Jentys, A., Lercher, J.A., "*Enhancement of Sorption Processes in the Zeolite H-ZSM5 by Postsynthetic Surface Modification*", Angewandte Chemie International Edition, 48(3): p. 533-538, 2009.

[130] Rigutto, M.S., de Ruiter, R., Niederer, J.P.M., van Bekkum, H., "*Titanium-Containing Large Pore Molecular Sieves from Boron-Beta: Preparation, Characterization and Catalysis*"
Studies in Surface Science and Catalysis, in *Zeolites and Related Microporous Materials: State of the art 1994, Proceedings of the 10th International Zeolite Conference*, H.G.K. J. Weitkamp, H. Pfeifer and W. Hölderich, Editor, Elsevier, 1994.

[131] Robyt, J.F., "*Essentials of carbohydrate chemistry*". Springer advanced texts in chemistry. New York, NY [u.a.]: Springer, 1998.

[132] Ruthven, D.M., "*Principles of adsorption and adsorption processes*". A Wiley-Interscience publication. New York [u.a.]: Wiley, 1984.

[133] Ruthven, D.M., Heinke, L., Kärger, J., "*Sorption kinetics for surface resistance controlled systems*", Microporous and Mesoporous Materials, 132(1-2): p. 94-102, 2010.

[134] Rymon Lipinski, G.-W.v. and Schiweck, H., "*Handbuch Süßungsmittel. Eigenschaften und Anwendung*". Hamburg: Behr, 1991.

[135] Sato, T., Dakka, J., Sheldon, R.A., "*Ti substituted zeolite beta(Ti-[beta]) catalyzed selective epoxidation of 1-octene with hydrogen peroxide*"
Studies in Surface Science and Catalysis, in *Zeolites and Related Microporous Materials: State of the art 1994, Proceedings of the 10th International Zeolite Conference*, H.G.K. J. Weitkamp, H. Pfeifer and W. Hölderich, Editor, Elsevier, 1994.

[136] Schlee, D., "*Biotechnologie*", in *Wörterbücher der Biologie*. Fischer: Jena, 1991.

[137] Schmidt-Traub, H. und Gorak, A., "*Integrated reaction and separation operations. Modelling and experimental validation*". Berlin [u.a.]: Springer, 2006.

[138] Schulthess, C.P. and Dey, D.K., "*Estimation of Langmuir Constants using Linear and Nonlinear Least Squares Regression Analyses*", Soil Science Society American Journal, 60(2): p. 433-441, 1996.

[139] Schuring, D., "*Diffusion in zeolites. Towards a microscopic understanding*", Eindhoven, Techn. Univ., Dissertation, 2002.

[140] Seeberger, P.H. und Werz, D.B., "*Synthesis and medical applications of oligosaccharides*", Nature, 446(7139): p. 1046-1051, 2007.

[141] Seibel, J., "*Vom Gen zum Produkt: Maßgeschneiderte Oligosaccharide durch Substrat-, Enzym- und genetisches Engineering*", Chemie Ingenieur Technik, 82(1-2): p. 141-146, 2010.

[142] Shah, P.D. und Liou, H.Y, "*Diffusion of aromatics through a silicalite membrane*", Studies in Surface Science and Catalysis, in Zeolites and Related Microporous Materials: State of the Art, Proceedings of the 10th International Zeolite Conference, p. 1347-1354, 1994

[143] Sing, K.S.W., "*Reporting physisorption data for gas/solid systems with special reference to the determination of surface area and porosity (Recommendations 1984)*", in Pure Appl. Chem. p. 603-619, 1985.

[144] Smit, B. und Maesen, T.L.M., "*Molecular Simulations of Zeolites: Adsorption, Diffusion, and Shape Selectivity*", Chemical Reviews, 108(10): p. 4125-4184, 2008.

[145] Sontheimer, H. and Fettig, J., "*Adsorptionsverfahren zur Wasserreinigung*". Karlsruhe: Eigenverlag, 1985.

[146] Sue-aok, N., Srithanratana, T., Rangsriwatananon, K., Hengrasmee, S., "*Study of ethylene adsorption on zeolite NaY modified with group I metal ions*", Applied Surface Science, 256(12): p. 3997-4002, 2010.

[147] Sun, P. und Navrotsky, A., "*Enthalpy of formation and dehydration of alkaline earth cation exchanged zeolite beta*", Microporous and Mesoporous Materials, 109(1-3): p. 147-155, 2008.

[148] Thitaram, S., Chung, C., Day, D., Hinton, A., Jr, Bailey, J., Siragusa, G., "*Isomaltooligosaccharide increases cecal Bifidobacterium population in young broiler chickens*", Poult Sci, 84(7): p. 998-1003, 2005.

[149] Tschliessnig, R., Billes, W., Wendland, M., Fischer, J., Kolafa, J.Ã. "*Adsorption of benzene from an aqueous solution*", Molecular Simulation, 31(9): p. 661 - 666, 2005.

[150] Unger, B., Schumann, K., Brandt, A., "*Zeolithe als Sorptionsmittel*", Chemie Ingenieur Technik, 82(6): p. 929-940, 2010.

[151] Unverricht, S., Ernst, S., Weitkamp, J., "*Iso-Butane/1-Butene Alkylation on Zeolites Beta and MCM-22*"
Studies in Surface Science and Catalysis, in *Zeolites and Related Microporous Materials: State of the art 1994, Proceedings of the 10th International Zeolite Conference*, H.G.K. J. Weitkamp, H. Pfeifer and W. Hölderich, Editor, Elsevier, 1994.

[152] Varki, A., "*Biological roles of oligosaccharides: all of the theories are correct*", Glycobiology, 3(2): p. 97-130, 1993.

[153] Vetere, A., Gamini, A., Campa, C., Paoletti, S., *"Regiospecific Transglycolytic Synthesis and Structural Characterization of 6-O-[alpha]-Glucopyranosyl-Glucopyranose (Isomaltose)"*, Biochemical and Biophysical Research Communications, 274(1): p. 99-104, 2000.

[154] Wach, W., *"Wechselwirkungen von Kohlenhydraten mit Zeolithen vom Faujasit-Typ"*. Aachen: Mainz, TU Braunschweig, Dissertation, 1994.

[155] Wang, Y., Li, F., Zhang, Y., *"Preliminary Investigation on the Action Modes of an Oligosaccharide-Producing Multifunctional Amylase"*, Applied Biochemistry and Biotechnology, 2009.

[156] Washburn, E.W., *"The Dynamics of Capillary Flow"*, Physical Review, 17(3): p. 273 LP - 283, 1921.

[157] Weitkamp, J. und Puppe, L., eds. *"Catalysis and zeolites. Fundamentals and applications"*. Springer: Berlin [u.a.], 1999.

[158] Wicke, E. und Kallenbach, R., *"Die Oberflächendiffusion von Kohlendioxyd in aktiven Kohlen"*, Kolloid-Zeitschrift, 97(2): p. 135-151, 1941.

[159] Wolfrom, M.L., Thompson, A., Brownstein, A.M., *"Structures of Isomaltose and Gentiobiose"*, Journal of the American Chemical Society, 80(8): p. 2015-2018, 1958.

[160] Wong, C.-H., *"Protein Glycosylation: New Challenges and Opportunities"*, The Journal of Organic Chemistry, 70(11): p. 4219-4225, 2005.

[161] Xu, H., Gao, Q., Guo, H., Wang, H., *"Hierarchical porous carbon obtained using the template of NaOH-treated zeolite [beta] and its high performance as supercapacitor"*, Microporous and Mesoporous Materials, 133(1-3): p. 106-114, 2010.

[162] Yonli, A.H., Gener, I., Mignard, S., *"Influence of post-synthesis treatment on BEA zeolites hydrophobicity assessed under static and dynamic conditions"*, Microporous and Mesoporous Materials, 122(1-3): p. 135-142, 2009.

[163] Zhang, W., Li, D., Lu, W., Yi, G., *"Effects of isomalto-oligosaccharides on broiler performance and intestinal microflora"*, Poult Sci, 82(4): p. 657-663, 2003.

10 Anhang

Abbildungen

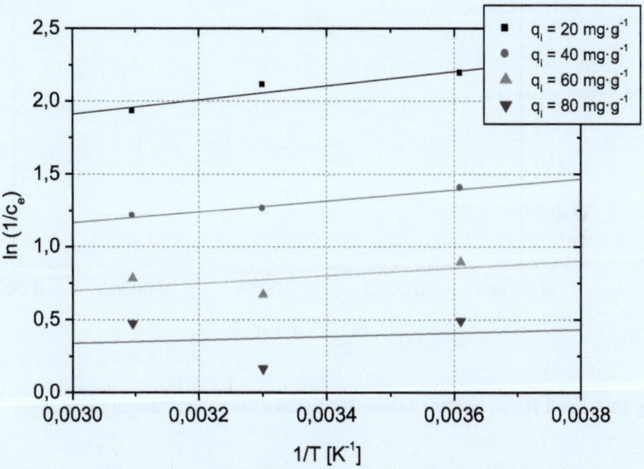

Abbildung 10.1: van´t Hoff-Plot für Fruktose-Isothermen bei verschiedenen Beladungen

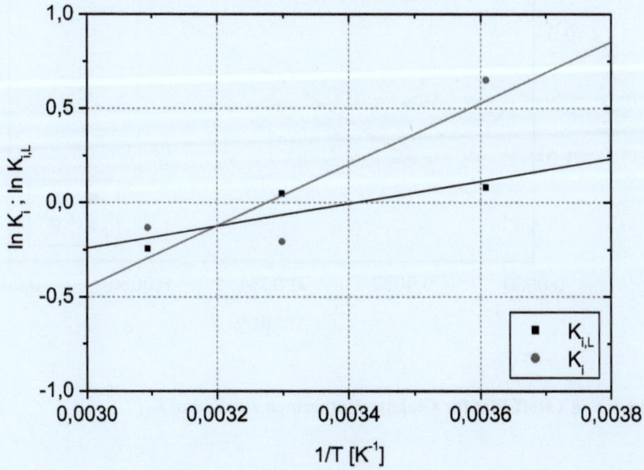

Abbildung 10.2: van´t Hoff-Plot für Fruktose-Isothermen aus K_i und $K_{i,L}$

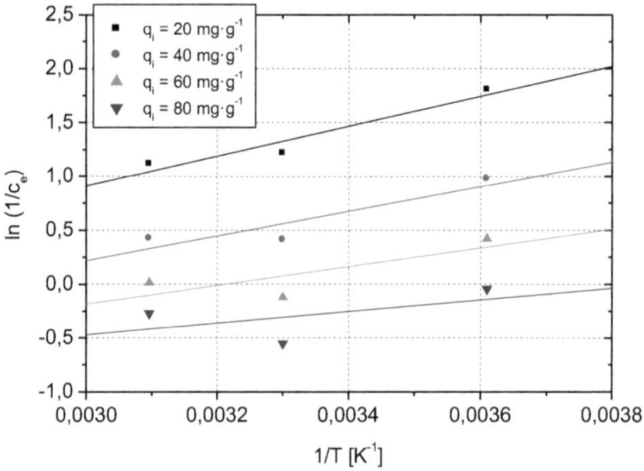

Abbildung 10.3: van´t Hoff-Plot für Glukose-Isothermen bei verschiedenen Beladungen

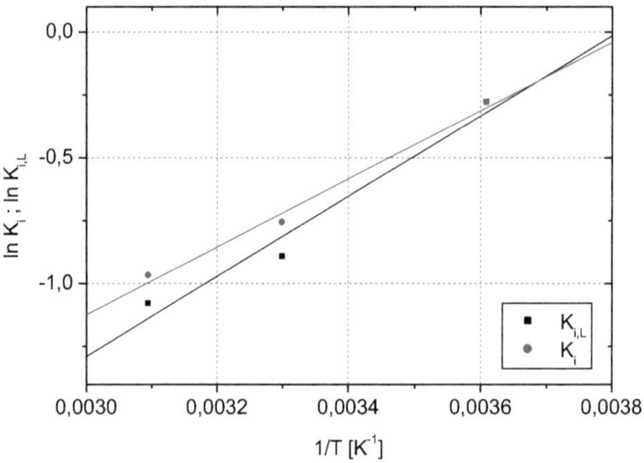

Abbildung 10.4: van´t Hoff-Plot für Glukose-Isothermen aus K_i und $K_{i,L}$

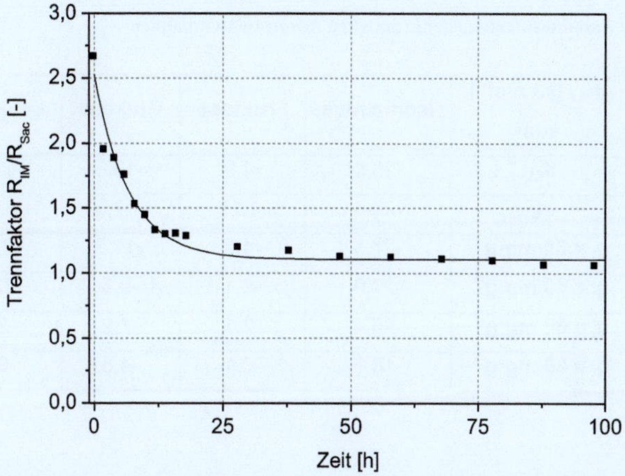

Abbildung 10.5: Kapazitätsverlust von Zeolithen BEA 150 in einer säulenchromatographischen Trennung von Isomaltose und Saccharose, Trennfaktor R_{IM}/R_{Sac} beschreibt die Retentionszeit von Isomaltose und Saccharose am Säulenausgang [75]

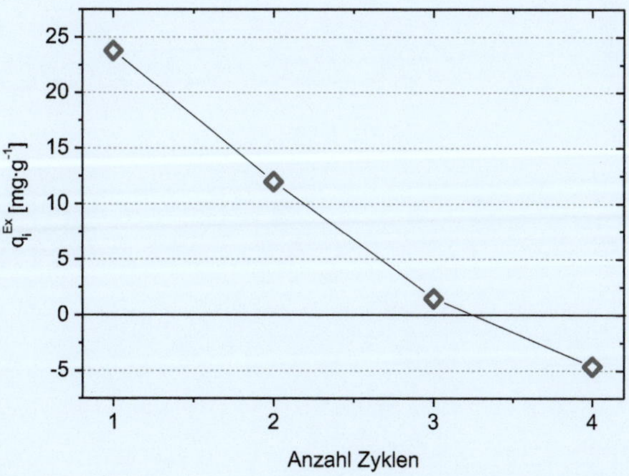

Abbildung 10.6: Isomaltosebeladung q_i^{Ex} bei Wiederverwendung von Extrudaten bei einer Desorptionstemperatur von 70°C, keine Natriumchloridbehandlung, nur Trocknung und Aktivierung

Tabellen

Tabelle 10.1: Zusammenfassung der ermittelten Adsorptionsenthalpien

Δh_{Ad} [kJ mol^{-1}] aus	Isomaltose	Fruktose	Glukose	Leukrose
$K_{i,L}$	-28,0	-4,9	-13,3	-27,9
K_i	-29,6	-13,5	-11,3	-19,8
q_i = 20 mg·g^{-1}	-27,5	-4,0	-11,5	-23,2
q_i = 40 mg·g^{-1}	-27,0	-3,1	-9,5	-12,0
q_i = 60 mg·g^{-1}	-25,4	-2,1	-7,2	-2,1
q_i = 80 mg·g^{-1}	-18,3	-0,1	-4,5	-0,1

Lebenslauf

Name:	Manuel Holtkamp (geb. Herrmann)
Geburtstag/-ort:	23.02.1977 in Hildesheim
Lebensstand:	verheiratet, zwei Kinder

Ausbildung:

1983-1987	Grundschule, Hasede
1987-1997	Robert-Bosch-Gesamtschule, Hildesheim
20.06.1997	Abitur
09/1997-08/1999	Soldat auf Zeit, Ausbildung zum Offizier der Reserve, schweres Pionierbataillon 130, Minden
10/1999-12/2004	Studium der Biotechnologie an der Technischen Universität Braunschweig
21.12.2004	Abschluss als Diplom-Biotechnologe

Berufliche Tätigkeit und Promotion:

02-07/2005	wissenschaftlicher Mitarbeiter an der Gesellschaft für Biotechnologische Forschung (GBF) in Braunschweig
08/2005-12/2010	wissenschaftlicher Mitarbeiter am Institut für Chemische und Thermische Verfahrenstechnik der Technischen Universität Braunschweig Arbeitsgebiet: Adsorption und Biotechnologie Projekt zum Zwecke der Promotion: „Produktions-integrierte Ad- und Desorption von Isomaltose“
Seit Januar 2011	Evonik Degussa GmbH, Marl

Haltern am See, Oktober 2011